# 光触媒が一番わかる

光の吸収による作用で
さまざまな製品を生み出す

高島 舞
大谷文章
著

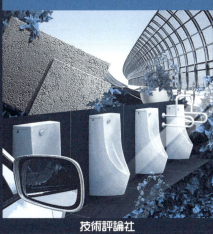

技術評論社

# はじめに

　光触媒は光が当たると化学反応を起こし、それ自身は変化しない物質です。例えば、植物は光合成によって二酸化炭素と水から炭水化物と酸素を作ることができるのは葉緑素に含まれるクロロフィルという光触媒があるからです。

　現在注目を集めているのは酸化チタンなどの金属酸化物の粒子です。これを光触媒として利用することで、空気中、水中の有機・無機物質の分解などの環境浄化や、水からの水素製造、二酸化炭素の燃料物質への転換などのエネルギー変換に応用することが可能です。

　このうち、環境浄化はすでに実用化されており、汚れの分解や消臭・脱臭、抗菌・殺菌、有害物質の除去、ガラス・鏡の曇り防止・防汚などを目的として、建築物の外装・内装建材や道路資材、自動車資材、空気清浄機・エアコン、冷蔵庫の脱臭・鮮度維持デバイス、さまざまな生活用品などの製品に活用されています。また、エネルギー変換は近い将来での実用化に向けて、材料や反応系の開発が積極的に進められています。

　学術的および実用化のための研究で最も利用されてきた光触媒が酸化チタンです。これは、反応性、安定性、無毒性および資源として豊富であるため比較的低価格であるという特長を持っています。紫外光しか吸収しないという唯一の欠点を補うための新規光触媒の開拓に関する研究もさかんです。

　本書では、光触媒およびこれを利用する化学反応を理解するためのポイントとなる基礎知識、光触媒のはたらきとしくみ、光触媒の用途、光触媒の性能評価、光触媒の可能性を高める技術などについてわかりやすく解説します。

大谷　文章

# 光触媒が一番わかる

## 目次

はじめに・・・・・・・・・・・・・3

### 第1章 光触媒とは・・・・・・・・・・・・・9

1 地球上最大の化学反応・・・・・・・・・・・・・10
2 光合成を起こす物質・・・・・・・・・・・・・12
3 生物には光合成が必要・・・・・・・・・・・・・14
4 固体光触媒の発見・・・・・・・・・・・・・17
5 酸化チタン電極による水の光分解・・・・・・・・・・・・・18
6 防汚コーティングへの応用・・・・・・・・・・・・・19
7 光触媒によるエネルギー変換が再注目・・・・・・・・・・・・・20

### 第2章 光触媒の基本・・・・・・・・・・・・・23

1 光とは・・・・・・・・・・・・・24
2 光と物質のかかわり・・・・・・・・・・・・・28
3 光化学反応/光触媒反応とは・・・・・・・・・・・・・32
4 不均一系光触媒反応・・・・・・・・・・・・・34
5 電子/正孔の寿命と再結合・・・・・・・・・・・・・39

CONTENTS

## 第3章 光触媒のはたらきとしくみ‥‥‥‥‥43

1 酸化還元反応‥‥‥‥‥‥44
2 酸素の還元/水の酸化‥‥‥‥‥‥48
3 酸化チタン光触媒‥‥‥‥‥‥50
4 環境浄化‥‥‥‥‥‥54
5 超親水化‥‥‥‥‥‥59
6 セルフクリーニング‥‥‥‥‥‥61
7 人工光合成 (光エネルギー変換)‥‥‥‥‥‥62
8 有機合成‥‥‥‥‥‥68

## 第4章 光触媒の実用例‥‥‥‥‥69

1 建築外装材、建築資材‥‥‥‥‥‥70
2 建築内装材‥‥‥‥‥‥75
3 道路資材‥‥‥‥‥‥79
4 自動車用資材‥‥‥‥‥‥83
5 浄化装置‥‥‥‥‥‥86
6 生活用品‥‥‥‥‥‥90
7 その他：農業、畜産、医療‥‥‥‥‥‥94
8 市場規模と今後の予測‥‥‥‥‥‥97

5

## 第5章 光触媒を調べる……101

- 1 光触媒の構造とは……102
- 2 光触媒の結晶構造……103
- 3 光触媒の大きさ……105
- 4 光触媒の光吸収……109
- 5 光触媒の外観……112
- 6 光触媒の組成……116
- 7 光触媒への添加物の評価……120
- 8 金属酸化物粉末の同定……123
- 9 光触媒活性評価の基本……127
- 10 反応を追う……132
- 11 作用スペクトル/光強度依存性……136
- 12 中間体の検出……139
- 13 超親水化の評価……140
- 14 抗菌/抗藻/抗かび/抗ウイルス効果の評価……141
- 15 光触媒性能評価法の標準化（JIS・ISO化）……144

## 第6章 光触媒の可能性……149

- 1 可視光応答型光触媒の開発……150
- 2 光触媒活性因子の解明……153
- 3 バンド構造モデルを超える新しいモデル……159

補足資料……164

参考文献・謝辞……171

用語索引……172

CONTENTS

## コラム│目次

- 周波数と振動数・・・・・・・・・・・・・25
- 電波・・・・・・・・・・・・・27
- 光源・・・・・・・・・・・・・38
- 再結合・・・・・・・・・・・・・42
- メチレンブルーの分解・・・・・・・・・・・・・49
- P 25・・・・・・・・・・・・・53
- 酸化チタンの安全性・・・・・・・・・・・・・56
- 太陽光発電＋電解vs光触媒・・・・・・・・・・・・・65
- 水素エネルギーの課題・・・・・・・・・・・・・67
- 光触媒施工業者・・・・・・・・・・・・・74
- 室内での光触媒の利用・・・・・・・・・・・・・78
- 光触媒効果の寿命・・・・・・・・・・・・・99
- 1次粒子と2次粒子・・・・・・・・・・・・・108
- 光強度の測定・・・・・・・・・・・・・138
- 標準化の壁・・・・・・・・・・・・・148
- 活性を支配する因子・・・・・・・・・・・・・158
- XRDを用いた非結晶成分の算出・・・・・・・・・・・・・168
- 光による工業生産・・・・・・・・・・・・・170

# 第 1 章

# 光触媒とは

　環境問題やエネルギー問題の早急な解決が叫ばれる現在、それらを一挙に解決するかもしれないと期待されている材料があります。それが、本書で解説していく「光触媒」です。中学や高校の教科書にも登場する光触媒ですが、その実態はどのようなものでしょう。

# 1-1 地球上最大の化学反応

## ●光合成を行う生物の誕生

今から約46億年前、私たちの住む地球は誕生しました。その後、27億年前までにはラン藻の一種であるシアノバクテリアが登場し、地球上で初めて光合成により酸素を作り出す生物が誕生したのです。

## ●光合成とは

現在地球上では、主に植物によって（正確にはシアノバクテリアは細菌です。そのほかにもミドリムシも光合成を行います）太陽からの光エネルギーを使って、水と二酸化炭素からグルコースと酸素を作り出す**光合成**が行われています。植物が作るでんぷんは、このグルコースから作られるものです。光合成は小学校の教科書にも出てくるほどですので、ほとんどの人になじみがある言葉でしょう。

## ●光合成は地球上最大の化学反応

光合成は疑いようもなく、地球上最大の化学反応です。人間をはじめ地球上で酸素を必要とする生物はすべて、この光合成により作られた酸素を利用しています。また、ほとんどの生物は光合成によって作られたグルコースなどの化学エネルギーを直接あるいは間接的に利用して生きています。つまり、地球上の生物はみな光合成によって支えられているのです。

## 図 1-1-1 地球の歴史と二酸化炭素・酸素の濃度変化[1]

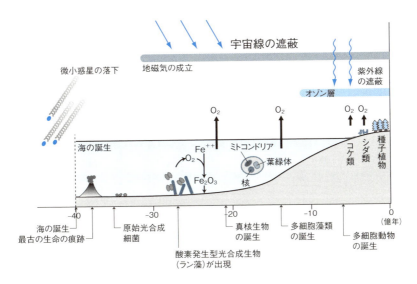

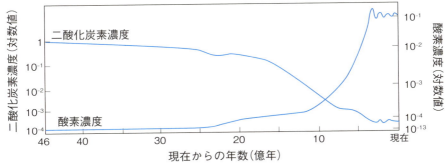

シアノバクテリア等の光合成によって作り出された酸素は、海中の鉄イオンを沈殿させたのちに大気中に出るようになり、大気中の酸素濃度が増えていった。

一方、二酸化炭素は海中に溶け込み、カルシウムイオンと結びついて炭酸塩岩として堆積し、また、光合成により有機物として固定され地中に堆積するなどして濃度が減っていった。

---

[1] 生物の多様性と進化の驚異、井出利憲、2010、羊土社、植物が地球をかえた!、葛西奈津子、2007、化学同人、日本植物生理学会、気象庁 などを参考に作成

# 1-2 光合成を起こす物質

## ●クロロフィルは光触媒

　植物の光合成は葉っぱなどの細胞内にある葉緑体で行われます。これは、葉緑体に含まれる**クロロフィル**という物質の働きによるものです。このクロロフィルの色は緑色ですが、これは光の三原色の青・黄・赤のうち、主に赤色をクロロフィルが吸収するためで、残った青・黄の色が反射し、緑色に見えるのです。このクロロフィルは本書で説明する光触媒の1つです。

## ●光合成のしくみ

　光合成のしくみをごく簡単に説明すると図1-2-1のようになります。クロロフィルは**光化学系Ⅰ**（Photosynthesis I、PSI）と**光化学系Ⅱ**（Photosynthesis II、PSII）の反応中心として働きます。PSIとPSIIは発見された順番でそう呼ばれていますが、それぞれのクロロフィルが吸収する光の中心波長は異なり、700 nmと680 nmです（P700、P680と呼ばれます）。

　クロロフィルが光を吸収すると、**電子e**と**正孔h**が生じます。この電子はいくつかのステップを経てPSIIからPSIに移動し、最終的に$NADP^+$からNADPHへの還元に使われます。一方、正孔は水由来の電子によって補われ、結果水が分解され、生じた**水素イオン**（プロトン、$H^+$）はこれまたいくつかのステップを経てATP合成酵素によりADPとリン酸からATPが合成されます（**光化学反応**、**明反応**とも呼ばれます）。水が分解される際、おまけとして作り出されるのが酸素です。なお、明反応の一連の機構は**Zスキーム機構**と呼ばれます。

　このようにして合成されたNADPHとATPは、二酸化炭素をグルコースに還元するのに使われます（**カルビン・ベンソン回路**、**暗反応**とも呼ばれます）。

### 図 1-2-1 光合成のメカニズム

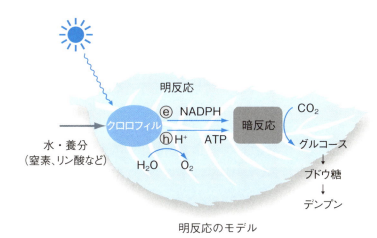

明反応のモデル

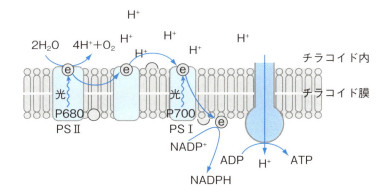

# 生物には光合成が必要

## ●すべての生物は光合成で生かされている

　すべての生物は生きるため・成長するためにさまざまな化学物質を必要とします。人間を含め動物は、他の動物や植物を食べ、炭水化物など生きるために必要な栄養を消化・吸収することで、体を維持するための物質やエネルギーを取り出しますが、元をたどると、ほとんどすべての生物中の炭素は光合成によって固定されたものです。つまり、植物による光合成が、すべての生物の食料を作り出しており、光合成なしでは生きていけません。

## ●化石燃料

　今日の人間の経済活動も光合成に依存しています。石油や石炭などの化石燃料は、地球によって長い年月をかけて動植物の死骸から作り出されたものです（図1-3-1）。つまり、例えば、化石燃料を使っている火力発電による電気エネルギーも、元をたどると光合成です。

　地球ができた当時の大気はほぼすべてが二酸化炭素でした。しかし、光合成を行う生物の増加によって大気中の二酸化炭素濃度は大きく減少し、代わって酸素濃度が増加しました（図1-1-1）。かつて大気中にあった二酸化炭素の多くは、現在、生物や土壌中に有機物として堆積しているのです。

## ●二酸化炭素のバランス

　今日の大気中の二酸化炭素濃度は約0.04%（400 ppm、ppm=100万分の1）ですが、これは時間や場所によって濃度が変動します。例えば、生物の呼吸、光合成による生成・消費、海洋による吸収・放出量は季節によって、また、北半球と南半球でも異なります。しかし、これらの影響による変動は年間を通してみた場合、だいたいバランスが保たれています。

　一方、人間による化石燃料の使用による大気中への二酸化炭素の放出量が、産業革命以降、特にここ70年ほどの間で、急激に増加していることが問題

となっています（図 1-3-2）。二酸化炭素を含む温室効果ガスによる地球温暖化、化石燃料の使い過ぎによる枯渇など、地中と大気中の二酸化炭素のバランスが崩れてしまった結果、環境問題やエネルギー問題が引き起こされてしまいました。

## ●植物中の光触媒をまねて

地球の歴史に匹敵するほど長い年月をかけ、太陽の光エネルギーと植物がもつ光触媒（クロロフィル）によって作られた有機物を、わたしたち人類は、特に産業革命以降、とても短時間で大量に消費してしまい、さまざな問題を引き起こしています。しかし今度は、太陽の光エネルギーと、われわれが作り出す別の「光触媒」を使うことで、それらの問題を解決しようともしています（図 1-3-3）。これを**人工光合成**と呼んでいますが、本書では光触媒を用いた応用の一例で、人工光合成についても簡単に紹介します（3-7 節参照）。

### 図 1-3-1　石油・石炭の作られ方

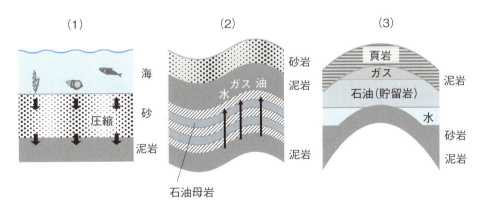

(1) 海にいたプランクトンなどの死骸が海底に積もり、砂や泥で覆われる。
(2) 地球内部の圧力で泥が押しかたまり、地熱によって分解され、何億年もかけて石油や石炭に変化。
(3) 隙間の多い砂岩では重い順に水、石油、ガスと溜まる。頁岩などの硬い岩にふさがれるとその下の岩（貯留岩）にとどまる。

図 1-3-2　地球全体の空気中の温室効果ガス濃度の変動[1]

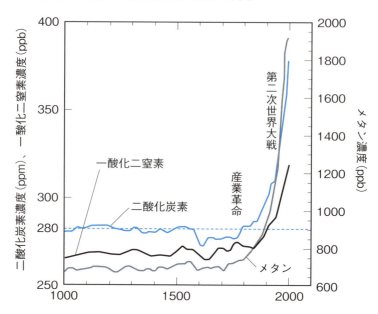

図 1-3-3　光合成と人工光合成

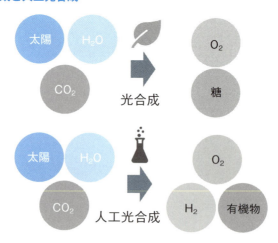

---

[1] IPCC 第4次報告書、環境省

# 1-4 固体光触媒の発見

## ●光化学反応

　固体物質に光が当たると化学反応が起きることは、かなり昔から知られていました。例えば、1717年にドイツのシュルツェは、硝酸銀塩が光によって黒色になることを、1777年にスウェーデンのシェーレは、塩化銀は紫色の太陽光で最も早く黒色にすることを発見しました。このような光化学における初期の発見は、銀塩写真など19世紀前半における写真の発明・発展に大きく貢献しました。

## ●光触媒反応

　酸化亜鉛や酸化チタンなどの金属酸化物が光を受けたときに酸化反応を起こすことは、19世紀から知られていました。1920年にドイツのタンマンは、硝酸銀や硫酸銀水溶液中で、酸化亜鉛が光照射によって黒色になることを報告しており、筆者の知る限り、これは半導体材料上への**金属の光析出**の初めての例と思われます。

　酸化チタンに関しては、有機化合物分解の光増感作用が、1921年にドイツのレンズによって確認されております。また、顔料による塗装の**チョーキング現象**も、酸化チタン光触媒の有名な例であり、1929年に報告されています。これは、顔料として酸化チタンを含んだ塗装が、紫外線を含む太陽光によって分解され、表面が粉をふいたように白くなる現象です。

　このように、20世紀前半には、酸化チタンをはじめとする金属酸化物の光触媒効果はすでに知られていましたが、当時はこういった光による化学反応はむしろ避けるべきものと考えられていました。

# 1-5 酸化チタン電極による水の光分解

## ●本多―藤嶋効果

　酸化チタンによる光触媒効果を一躍有名にしたのが、1972年に『Nature』誌に発表された、**本多―藤嶋効果**による**水分解**反応です。ただし、これは**光電極（光電気化学）反応**であり、いわゆる「光触媒反応」ではありません。

　この反応は、酸化チタンの単結晶電極と白金電極をつなぎ、白金電極側に水の電気分解が起こらない程度の低い電圧をかけ、酸化チタン電極のほうに光を当てると、水分解が起き、酸化チタン電極から酸素が、白金電極から水素が生成する、というものです。もしくは電圧をかけずに両電極を別々のpHの電解液に入れると、同様に水分解が起こります。後述のように（3-1節参照）、pHを変えることは光触媒の酸化力・還元力を変えることを意味しており、pHの異なる電解液に電極を浸すことで化学バイアスをかけることができるため、電極間に電圧をかけなくても水分解が起こるのです。

　この論文発表の翌年には第一次オイルショックが起こり、世界中で石油に代わるエネルギーを探し始めたときでしたので、無尽蔵に得られる太陽エネルギーと水を使って水素を取り出せるこの方法は、大変注目を集めました。この発表にヒントを得て、光触媒反応による太陽光エネルギー変換（太陽光を使って水素などの燃料を作ること。このようにして作られた燃料は現在では**ソーラー燃料**と呼ばれます）の研究が爆発的に増加しました。

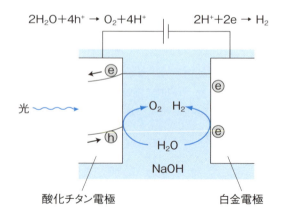

図 1-5-1　本多―藤嶋効果による水分解

# 1-6 防汚コーティングへの応用

## ●酸化チタンの欠点

本多―藤嶋効果の発見により、「夢の燃料[1]」としてエネルギー変換への応用が期待された光触媒反応ですが、主に使われた酸化チタン光触媒には

(1) 太陽光エネルギーを有効に使えない
(2) 大量の汚染物質の処理には向かない

という、どうしても逃れられない欠点がありました。そこで、少量だけれども人間には好ましくない有害物質などを完全に処理する用途に使えないか、と発想の転換が図られました。

## ●超親水化現象の発見

東京大学の藤嶋研究室と民間企業のTOTOとの共同研究によって、トイレの脱臭や殺菌を目的とした抗菌タイルが1994年に実用化され、その開発過程で「光によって汚れが水に流れやすくなる」という**光誘起超親水化現象**が発見されました。1995年のことです。

この出来事にも象徴されていますが、光触媒はその特性が魅力的なためか、実用化や製品化が先行しており、そのしくみや活性の決め手となる特性などはわかっていないのが現状です。しくみはどうであれ、光誘起超親水性が発見されて以降、**セルフクリーニング**（3-6節参照）を中心とした光触媒製品の実用化が急速に進みました。特に、タイル・壁・アルミ建材・ガラス・テント材などをきれいに保つことができることは、清潔志向の日本人の性格にもよくマッチし、日本オリジナルの新技術として、発展していきました。

---

[1] 朝日新聞（1974年1月1日）

# 1-7 光触媒によるエネルギー変換が再注目

## ●光触媒反応がリバイバル

本多─藤嶋効果の発表とオイルショックが重なり、世界中で太陽光による水分解の研究がさかんに行われました。しかし、その効率は極端に低く、すぐに実用化されるものではありませんでした。そうこうしているうちに、超親水性が発見され、世間の興味はセルフクリーニングや抗菌性などの機能や、それに関連する製品開発に移っていき、光触媒による水分解の研究は1990年代に一度下火になりました（日本では絶え間なく研究が続けられましたが）。

しかし近年、環境を汚さない発電システムとして期待されている燃料電池の実用化が進むとともに、その燃料となる水素も、よけいなものを発生させないクリーンで、かつ資源枯渇の心配もない方法で製造したいとの要望が高まっており、その製造法の1つとして、太陽光と光触媒反応による水分解に再び注目が集まっています。燃料電池では、水素と酸素を反応させることで電気や動力を生み出す一方、水を生成します。この水から光触媒反応によって再び水素を作り出せるため、石油や石炭のような枯渇の恐れがなく、また、光触媒は光の力だけでこの水素循環を実現できるため、光触媒がエネルギー・資源問題の解決策となるわけです。

また、水素の生成だけでなく、地球温暖化の原因となる二酸化炭素を原料にメタノールやメタン、その他有用な化合物へと変換する反応にも関心が高まっています。これら水分解や二酸化炭素の還元によってソーラー燃料を作ることを**人工光合成**と呼んでいます。

## ●溜められない光エネルギーを化学エネルギーで溜める

太陽光エネルギーを別のエネルギーに変換して利用する方法の1つに太陽電池があり、長年研究が続けられております。しかし、太陽光エネルギーと同様、電気エネルギーも溜めておくことができないという欠点があるため、

その蓄電が課題でした。

一方、光触媒反応では、太陽光エネルギーを水素などの化学エネルギーに変換することができ、この水素などの化合物は貯蔵することができます。つまり、光触媒を利用することで、貯蔵できない（太陽）光エネルギーを化学エネルギーという形で貯蔵することができるのです。

## ●世界中で人工光合成研究がさかんに

現在、日本をはじめ、世界中で太陽光を用いたソーラー燃料などの生産に関する研究・開発がさかんに行われております。日本ではこれまでいくつかの光触媒に関連する国家プロジェクトが発足し、基礎研究から応用（産業）化まで幅広く国を挙げて取り組まれてきました。

例えば、経済産業省とNEDOによる人工光合成プロジェクトでは、太陽光と光触媒による水分解で製造した水素と二酸化炭素から、化学原料であるエチレン・プロピレンなどの基幹化学品を製造する化学プロセスの開発を目指しています。このプロジェクトでは開発課題を次の3つに分け、それぞれ大学や民間企業が中心となり協力して研究が進められています。

（1）光触媒による水分解による水素・酸素の製造
（2）分離膜による水素の安全な分離
（3）合成触媒による水素と二酸化炭素からの低級（$C_2$〜$C_4$）オレフィンの製造

### 図 1-7-1　人工光合成プロジェクト[1]

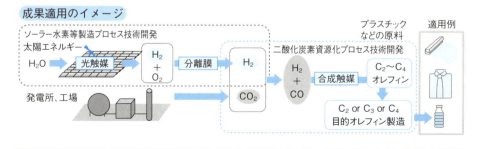

[1] 経済産業省・NEDO「二酸化炭素原料化基幹化学品製造プロセス技術開発」（2012〜2021年度）

一方、海外に目を向けてみると、アメリカでのJoint Center for Artificial Photosynthesis（JCAP）や中国でのDalian National Laboratory for Clean Energy（DNL）などの研究機関が2010年前後に設立したり、EUではPECDEMOやCOFLeafといった人工光合成に関する大型研究プロジェクトが数々立ち上がるなど、活発に研究が進められています。

　また、実験室レベルの基礎研究だけでなく、実用的な人工光合成プロセスの実現を見据えた要素開発や経済性などの検討も、非常に活発に議論されています。

**図 1-7-2　人工光合成による大規模な水素生成が実現したら…[2]**

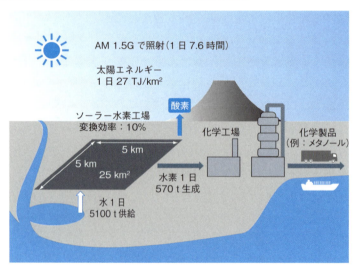

---

[2] *J. Phys. Chem. Lett.*, **1** (2010) 2655

# 第**2**章

---

# 光触媒の基本

　光触媒とは、光が当たると酸化還元反応を起こす材料です。では、どうやってそれが起こるのでしょうか。本章では光触媒を扱う際に最低限必要な基本を紹介します。

# 2-1 光とは

　光触媒反応には「光触媒」、「光」、そして「反応物」の3つが必要です。そのうち光は「波」と「粒」の両方の性質をもっています。

## ●光は波である

　光は、振動する直交した電場と磁場が進行する**電磁波**であり、波としての性質（波動性）を表すために**波長**という言葉が使われます。波長は、光が1回振動する間に進む距離のことで、単位はナノメートル（nm、$10^{-9}$ m）がよく使われます。わたしたちの目では約 400 nm から 760 nm の間の波長の光だけが見え、これを**可視光**と呼びます。

## ●光は粒である

　一方、光は、1つ、2つと数えることができる性質もあわせもちます（粒子性）。この場合、光を質量をもたないエネルギーの粒と考え、**光子**（こうし）や**フォトン**（photon）と呼び、その光子の数によって光の強さが変わります。光子の数が多いと光は明るく、光子の数が少ないと光は暗くなります。

　波の4要素
　・振幅：振動の幅
　・波長：1回の振動で進む距離
　・振動数：一定時間当たりの振動回数（周波数）
　・速度：波が一定時間に進む距離（光は毎秒約30万 km）

$$速度 = 波長 \times 振動数$$

### 図 2-1-1 波長と振動数の関係

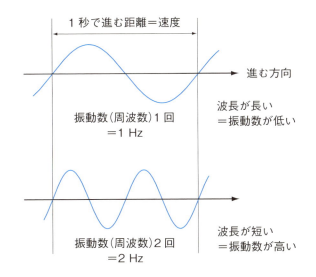

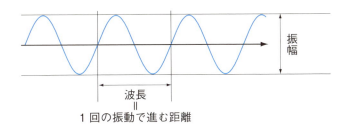

> **⚠ 周波数と振動数**
>
> 　周波数と振動数は同義語で、一般に周波数は電気工学や電波工学などに用いられる工学用語です。振動数はそれ以外の物理現象や機械的なものに使われることが多いです。一般には両方とも記号 f を用いて表されますが、光の振動の場合には ν（ニュー）の記号を用いることが多いです。

## ●波長と振動数と光エネルギー

　光はその波長によってさまざまな種類に分類されます（図2-1-2）。例えば携帯電話に使われる電波や電子レンジに使われるマイクロ波は、可視光よりも波長が長く、病院などで使われるエックス線は、可視光よりも波長が短い電磁波です。

　波長の長短は1つの光子がもつエネルギーの大きさを表し、波長が短い光ほどエネルギーが大きく、波長が長い光ほどエネルギーが小さくなります。また、波長とは逆に、1秒当たりの振動数（単位はヘルツ（Hz））が高いほど1つの光子がもつエネルギーは大きく、振動数が低いほど小さくなります。つまり、光子のエネルギーは振動数に比例して大きくなります。

　**光エネルギー**とは1つ1つの光子の粒がもつエネルギーを全部足し合わせたもので、単位としてジュール（J）もしくは1秒当たりの量に変換したワット（W = J/s）を使います。光エネルギーが同じでも、含まれている光子の波長や振動数が違うと、光の性質は異なります。例えば、真空中においた金属板に光を当てると、金属表面から電子が飛び出す現象が起こります（**光電効果**）。

　この原理を簡単に説明すると、「金属内の電子が光のエネルギーを吸収し、エネルギーの高くなった電子が金属結晶から飛び出す」のですが、振動数が低い光子をいくらたくさん当てても電子は飛び出しません。電子が飛び出すにはある一定以上の振動数をもつ光子が必要となります。

### 図 2-1-2　電磁波の種類と波長・振動数

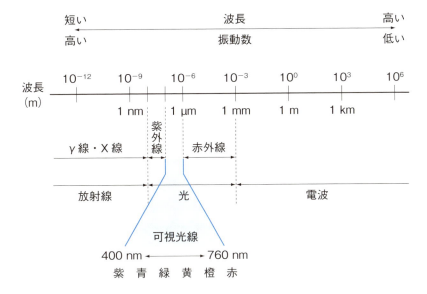

!　電波

　波長が1mmよりも長い［周波数が3テラヘルツ（THz、1012 Hz）以下］電磁波を電波と呼んでおり、この電波を利用した多くの電子機器が普及するようになりました。携帯電話やスマートフォン・無線などの通信システムやテレビ・ラジオ放送だけでなく、GPSや気象レーダー、電子レンジ、ワイヤレスICカードシステム（交通系ICカードや電子マネー）など、さまざまな用途に使われており、現代の私たちの暮らしには欠かせないものとなっています。

# 2-2 光と物質のかかわり

　光は宇宙空間のようななにもない真空中ではまっすぐに進みますが、空気や水も含めて「物質」に当たると、さまざまな現象が起こります。

## ●透過・反射・屈折・散乱・吸収

　光が物質に当たると、そのまま物質を通過する**透過**、光の進行方向が変わる**反射**、**屈折**、**散乱**、および一部分が物質中に取り込まれる**吸収**などが起こります（図2-2-1）。このうち、光触媒をはじめとする光化学反応で最も重要なものは吸収で、光エネルギーの一部が物質のもつエネルギーの一部になります（**励起状態**）。ただし、どんな光でも吸収されるわけではなく、物質によって決まった波長範囲の光だけが吸収されます。

## ●光吸収と励起

　物質を構成する基本の単位は原子です。原子は原子核と電子から構成されていますが、この電子はとびとびのエネルギーしかとることができません（**量子化**されているといいます）。また、原子から構成された分子では、原子どうしが伸び縮みする伸縮振動や結合の角度が変わる変角振動、回転などが生じ、それらのエネルギーもとびとびのエネルギーしかとることができません。これら、とることができるエネルギーの大きさを**エネルギー状態**もしくは**エネルギー準位**と呼びます。多数の原子からなる結晶内では、1つの原子の電子エネルギーは別の原子の準位の影響を受けるため、帯状になっています（**エネルギーバンド**）。また、バンドとバンドの間の領域を**バンドギャップ**と呼び、電子はこのエネルギーをとることはできません。

　一番低いエネルギー状態にあることを**基底状態**、これより高いエネルギー状態を**励起状態**と呼び、あるエネルギー状態からそれより高いエネルギー状態になることを**励起**と呼びます。例えば、電子エネルギーについて励起が起こることは**電子励起**となります。励起させるためには2つのエネルギー状態の間隔（バンドギャップ）に相当するエネルギーを与えればよく、そのよう

なエネルギーの光を照射すると、物質はその光を吸収（**光吸収**）して励起状態になります（**光励起**）。

### 図 2-2-1　光と物質のかかわり

### 図 2-2-2　エネルギー準位とエネルギーバンド

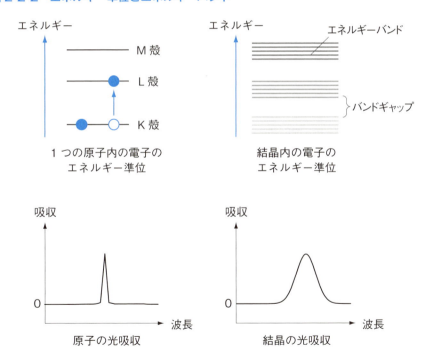

1つの原子内の電子が光を吸収する場合、その吸収波長はピークとなる。
一方、結晶ではエネルギーバンドに幅があるため、吸収波長も幅のあるものになる。

#### 図 2-2-3　酸化チタンの光励起

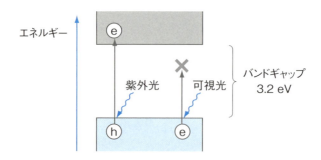

酸化チタンにバンドギャップより大きな波長である紫外光を照射すると、その光を吸収（光吸収）し励起状態（光励起）になるが、波長の長い可視光を照射しても光励起は起こらない。

## ●失活と酸化還元反応

　励起状態は不安定な状態であるため、すぐにもとの低いエネルギー状態に戻ろうとします。これを**失活**または**脱励起**と呼びます。このとき、励起状態と低いエネルギー状態との差に相当するエネルギーを放出してもとの状態に戻ります。放出するエネルギーが光の場合、蛍光や燐光などの**発光**が生じます。また、差分のエネルギーがまわりの物質に熱エネルギーとして移動することもあります（**無輻射失活**）。発光や無輻射失活以外に、励起した電子（**励起電子**）が他の物質に移動したり（**還元反応**）、励起した結果生じた基底状態の空の場所（**正孔**）に別の物質から電子が移動したり（**酸化反応**）することもあります。これを**酸化還元反応**と呼びます。

### 図 2-2-4 励起と失活と酸化還元反応

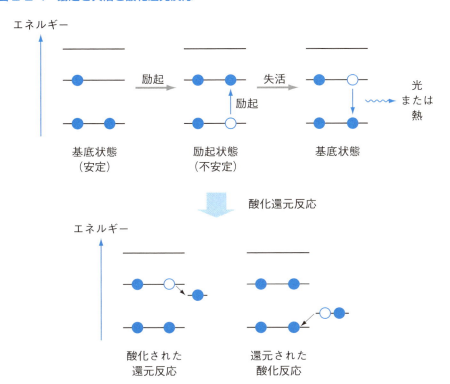

# 2-3 光化学反応 / 光触媒反応とは

　このように、物質の光励起から始まる反応を**光化学反応**と呼びますが、そのうち光を吸収する物質が反応前後で変化しないものを**光触媒反応**（photocatalytic reaction）と呼びます。

## ●光触媒反応と触媒反応

　光を吸収する物質が反応前後で変化しないために光「触媒」と名前がついていますが、光触媒反応は**触媒反応**とはまったく別の反応です。例えば、反応が起こる場所を**活性点**と呼び、触媒反応についてはこの活性点を想定することができますが、光触媒反応は光が当たったときにだけ生じる反応であり、また、光触媒上のどこで電子と正孔が反応するかが決まっていないため、光触媒反応では活性点を想定することはありません。

　また、触媒反応は

（1）反応物が触媒表面に吸着し、
（2）表面に吸着した分子や原子が反応し、
（3）生成物が触媒表面から離れる

という過程で進行しますが、光触媒反応では（2）において、光励起で生成した励起電子と正孔が、吸着分子や光触媒自身と酸化還元反応を起こします（図 2-3-1）。

## ●反応基質の吸着

　上でも少し触れましたが、光触媒反応が起こるためには、電子を受け取ったり電子を渡したりする**反応基質**の光触媒表面への吸着が必要です。吸着した物質と表面とのあいだの相互作用はほとんどの場合、ファンデルワールス力（**静電気力**）で、**物理吸着**と呼ばれ、これに対し共有結合や金属結合など、化学結合を伴うものを**化学吸着**と呼びます（図 2-3-2）。

光触媒反応を一言でまとめると「光触媒が光を吸収して生じる励起電子と正孔による還元酸化反応」となり、この反応には前述のとおり「光触媒」、「光」、そして「反応基質」の3つが必要です。

### 図 2-3-1　触媒反応と光触媒反応

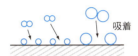

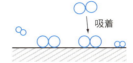

（1）吸着
触媒表面に反応物が吸着。

（1）吸着
光触媒表面に反応物が吸着。

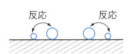

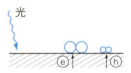

（2）表面反応
触媒表面にくっついた分子や原子が反応。

（2）酸化還元反応
表面にくっついた分子に励起電子や正孔が移動。

（3）生成物の脱離
反応でできた物質が表面から離れる。

（3）生成物の脱離

　　　　触媒反応　　　　　　　　　光触媒反応

### 図 2-3-2　物理吸着と化学吸着

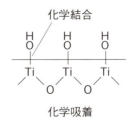

　　　　物理吸着　　　　　　　　　化学吸着

## 2-4 不均一系光触媒反応

### ●不均一系光触媒反応

　光触媒反応のうち、用いる光触媒が固体状であるものを**不均一系光触媒反応**、用いる光触媒が分子や錯体などが溶媒に溶けた状態であるものを**均一系光触媒反応**と呼びます。前者の場合、光触媒が固体、反応系が液相や気相であり、反応系が不均一なためにこう呼ばれます。決して、光触媒が不均一なわけではありません。

### ●利用できる光

　粉末状の光触媒を用いることが多い不均一系光触媒反応では、そのエネルギー準位は帯状になっており、そのバンドギャップは用いる材料によって異なります。例えば、酸化チタンでは約 3.0 eV、酸化タングステンでは約 2.5 eV です。前述のとおり、バンドギャップ以上のエネルギーをもつ光を照射すると光励起が生じますので、それぞれ波長が約 400 nm、500 nm 以下の光だけを吸収するということになります（図 2-4-1）。すなわち、光触媒としてよく用いられている酸化チタンを光励起させようとすると、**紫外線**の光が必要になります（3-3 節参照）。それ以外の光は酸化チタンには吸収されないので、透過したり散乱したりします。

　また、光はバンドギャップの波長で突然吸収しなくなるわけではありません。光吸収の度合い（**吸光係数**）は緩やかに変化します（図 2-4-2）。このため、照射する光のうちでバンドギャップに近い波長の光は光触媒に緩やかに吸収され、結果として、生じる電子・正孔の密度は波長が長いほど低くなり、これは後述する反応速度に影響を与えます。

### 図 2-4-1 光励起に必要な光の波長

光子1つ当たりのエネルギー E は振動数に比例
　E ＝プランク定数×振動数
また、光の速度＝波長×振動数より
　E ＝プランク定数×光の速度÷波長
プランク定数と光の速度を代入すると
　E ＝ 1240 ÷波長。
例えば、アナタース型酸化チタンのバンドギャップは 3.2 eV なので
　3.2 ＝ 1240 ÷波長　→波長＝ 387.5 nm
この波長より短い波長の光で光励起が起こる。

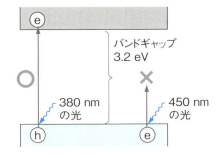

### 図 2-4-2 光の波長と光吸収の関係

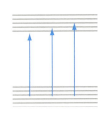

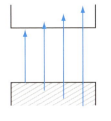

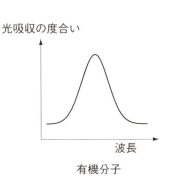
有機分子

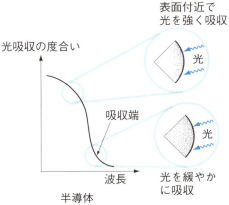
半導体

## ●バンド構造

図 2-4-3 で、導体、半導体、絶縁体の結晶内の電子のエネルギー状態を考えたとき、導体では一部しか電子が埋まっていないバンドがあります。このバンドに入っている電子は、熱エネルギーによってバンドの空いている領域を動き回ることができます。電子が移動する、つまり電流が流れるということです。この電子が移動できるバンドを**伝導帯**（conduction band、CB）と呼びます。一方、半導体と絶縁体では電子が詰まっているバンド、**価電子帯**（valence band、VB）があり、その上に空っぽのバンド（空帯）があります。

不均一系光触媒反応では半導体光触媒が用いられるため、基底状態では価電子帯に電子が充満されている状態です。そこに光励起が生じると、励起電子が伝導帯に、正孔が価電子帯に生成します。

## ●励起電子と正孔

原理的に、光触媒が光を吸収し光励起が起こると、励起電子と正孔は同じ数だけ生成します（例外的に、界面電子移動励起と表面プラズモン共鳴が生じる場合には、半導体内の電子と正孔の数のバランスは崩れます（6-1 節参照）が、通常は同じ数です）。これは光触媒反応においてとても大事なポイントで、つまり、酸化還元反応で使われる電子と正孔の数は正味同じでなければなりません。

## ● 3 つの過程

不均一光触媒反応では

(1) 光吸収、
(2) 励起電子による還元反応および正孔による酸化反応、
(3) 電子 – 正孔の再結合、

の 3 つの過程が起こります。

光吸収によって、励起電子と正孔がそれぞれ伝導帯、価電子帯に生成します。生成すると即座に（約 1 ピコ秒以下、ピコ秒 = $10^{-12}$ 秒）各バンドのエ

ネルギーが一番低い位置（正孔にとっては高低が逆なので一番高い位置）に緩和され、光触媒表面への移動が起こり、励起電子による還元および正孔による酸化反応が進行します。励起電子の寿命以内に酸化還元反応が進行しない場合には、励起電子は熱エネルギーを放出して失活し、正孔と再結合します。

ここで、(1) について、電気化学の分野でよく用いられる標準電極電位（3-1節参照）では、電極が電源に繋がっており電子の数が常に保証されているため、「反応に使われる電子の数」を意識する必要はありませんが、不均一系光触媒反応では、光子の吸収によって励起電子や正孔が初めて生成するため、(1) の過程はとても大切な過程です。常にこのことを覚えておくとよいでしょう（6-3節参照）。

### 図2-4-3　固体のバンド構造

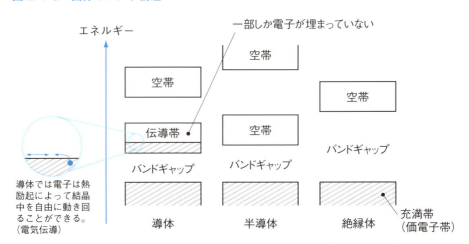

半導体と絶縁体の違いはバンドギャップの大きさだが明確な区別はない。

### 図 2-4-4　光触媒反応の 3 つの過程

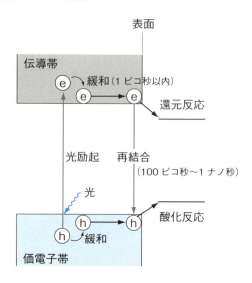

> **！ 光源**
>
> 　太陽光以外の光を光源として用いる場合、波長範囲、光強度、安定性、操作性、経済性などを考慮して最適な光源を選択する必要があります。実験室レベルで比較的よく用いられているのは、水銀灯とキセノンランプです。水銀灯では水銀の圧力によって波長分布や光強度が異なり、キセノンランプでは光強度が波長によってあまり変化せず、太陽光の代わりとして使用されることもあります。光源からの光のうち、必要な波長だけを照射したり、光強度を調節する際には、色ガラスフィルターやメッシュなどが利用されます。また、単色光を照射する際には LED を利用することもあります。

# 2-5 電子／正孔の寿命と再結合

## ●量子効率

　光触媒反応は光反応の一種なので、その効率は、「吸収した光で生じる電子－正孔のうちどれだけ反応に使われたか」を意味し、これを**量子効率**（quantum efficiency）、**量子収量**（quantum yield）もしくは**量子収率**と呼びます。

**量子効率＝反応した分子数／吸収した光子数　　式(1)**

　単位は分子と分母のどちらもモル（mole）です（かつては、モルが物質に対してだけ使うとされていたため、光子数には使えず、代わりにアインシュタイン（einstein、$6.0 \times 10^{23}$ 個の光子 = 1 einstein）が使われていました）。
　反応した分子数を時間で割ると反応速度ですので、次のようになります。

**量子効率＝反応速度／吸収光束　　式(2)**

　**吸収光束**とは光を吸収する速度のことですが、実験的には入射した光のうち固体がどれだけ吸収したかを知ることは非常に難しいので、実際に量子効率を求める際には、光触媒による吸収が十分に大きい波長の範囲を用い、入射した光がほとんど吸収されると仮定して求めます。また、量子効率は光の強度などのさまざまな条件の影響を受けるため、比較する際には注意が必要です。
　ここで、吸収光束の代わりに実測が比較的容易な入射光束を用い、

**見かけの量子効率＝反応速度／入射光束　　式(3)**

をよく用います。この**見かけの量子効率**（apparent quantum efficiency）と

区別する意味で式（2）の量子効率は**真の量子効率**あるいは**内部量子効率**（internal quantum efficiency）とも呼ばれます。一方、見かけの量子収率は**光子利用効率**あるいは**外部量子効率**（external quantum efficiency）とも呼ばれ、式（2）と式（3）より次の式で表されます。

$$光子利用効率＝光吸収効率×量子効率 \qquad 式(4)$$

**光吸収効率**は「入射した光をどれだけ吸収できるか」であり、**量子効率**は「吸収した光をどれだけ反応に使えるか」を意味します。5-11 節で紹介する作用スペクトル解析では、通常、この光子利用効率を用います。

## ●寿命と再結合

量子効率を向上させるためには、反応速度を速くする、もしくは再結合を遅くすることが必要です。約 100 フェムト秒（フェムト秒 = $10^{-15}$ 秒）のパルスを出すレーザを使った実験より[1]、酸化チタン中の励起電子—正孔が約 100 ピコ秒から 1 ナノ秒（ナノ秒 = $10^{-9}$ 秒）の間に再結合することがわかっています。この、励起電子—正孔が生成してから再結合するまでの「生きている時間」を**寿命**と呼びます。ただし、この実験では極めて強い（光子の数が多い＝入射光束が大きい）光を用いているため、通常光触媒反応で用いるような水銀ランプや太陽光照射下でも同様な時間スケールで再結合が起こっているとはいえません。

量子効率を向上させるために、この再結合の原因を取り除こうと考えるかもしれません。**再結合**は再結合中心と呼ばれる場所（結晶の欠陥や結晶の表面）で起こると考えられていますが、再結合の実体は実はよくわかっていません。われわれは今のところ、励起電子と正孔が再結合する場所を直接見ることができないため、当然といえば当然です。しかし、なにかしらの光触媒活性試験を行い、結果に対して説明が必要なときに、効率が高い / 低い場合に、再結合が少ない / 多いと便宜上いっているだけにすぎないのです。効率が低い場合、再結合が多いのではなく、単に反応速度が遅いだけなのかもしれません。

---

[1] *Phys. Chem. Chem. Phys.*, **3**, (2001) 267

### 図 2-5-1 再結合中心

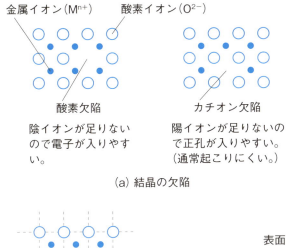

(a) 結晶の欠陥

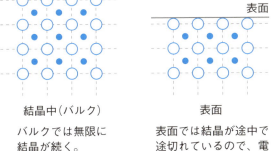

(b) 結晶の表面

### ❗ 再結合

　「再結合」というと、離れていたものが再び出会って「くっつく」ような印象がありますが、物理的な意味では離れているのはエネルギーだけで空間的な位置は変わりありません。物質中の電子は真空中の自由電子とは違って、決まった軌道の中に存在します。金属の中で「自由電子」と呼ばれるのは、その軌道が金属全体に広がっているからです。また、物質中の電子のエネルギーはとびとびの値になっていて、それぞれのエネルギーに対応する軌道があります。価電子帯の中にある軌道の電子が光のエネルギーを吸収すると、伝導帯の中にある軌道に乗りかえます。これが起こるのは、もとの価電子帯の軌道と伝導帯の軌道が空間的に重なっていることが条件ですが、乗りかえても空間的な位置は変化しませんので、正孔と電子は同じ場所にあるわけです。したがって、なんらかの理由で、励起電子あるいは正孔が移動して離れないと、再結合がすばやく起こってしまうということになります。励起電子と正孔が空間的に離れたところに移動することは**電荷分離**と呼ばれますが、基本的には固体の中に電場つまり電位の勾配がないと電荷分離は起こりませんから、再結合を防止するのは簡単なことではありません。

# 第3章

# 光触媒の
# はたらきとしくみ

光触媒の機能は、酸化還元反応と超親水性の２つです。
実用化されている（これからされるであろう）光触媒製品の
しくみはすべてこれで説明できます。そのはたらきとしくみ
を詳しくみてみましょう。

# 3 -1 酸化還元反応

## ●電子の還元力と正孔の酸化力

　励起電子と正孔は生成すると即座に緩和されるため、どんな波長の光で電子励起したとしても、実際に反応で使われる励起電子の還元力と正孔の酸化力はそれぞれ、用いる光触媒の**伝導帯下端**（conduction band bottom、CBB）と**価電子帯上端**（valence band top、VBT）のエネルギー位置だけで決まります。

　還元力、酸化力を強くするためには、単純に CBB が高く、VBT が低い材料を探せばよいと考えるかもしれませんが、そうすると自動的にバンドギャップも大きくなるため、吸収できる光の波長はより短波長になります。

　また、これまでの研究[1]から、ほとんどの金属酸化物の伝導帯は金属イオンの原子軌道、価電子帯は酸素イオンの原子軌道の寄与が大きいため、金属の種類を変えても価電子帯の位置はほぼ一定で、伝導帯の位置だけが変化することがわかっています。

## ●標準電極電位

　用いる光触媒の酸化力・還元力が、目的とする酸化還元反応を進行させることができるかどうかは、反応させる化合物の酸化されやすさ / 還元されやすさと比較することでわかります。これらは**標準電極電位**として、実験値もしくは計算値として得ることができます。**標準**とは、25℃、1 bar（100 kPa）、活量 1 mol L$^{-1}$（水素イオン濃度も 1 mol L$^{-1}$、つまり pH = 0）での状態のことを指しています。目的とする還元反応の電位が光触媒の CBB より下に、酸化反応の電位が光触媒の VBT より上にあれば、この反応を進行させることが可能です。

　しかし、この反応が実際に進行するかどうかはわかりません。なぜなら、標準電極電位は熱力学的議論、つまりエネルギーが高いほうから低いほうに

[1]　*Solar Energy*, **25**, (1980) 41

進むことを確認しただけであり、それが実際にどのような速度で進行するのかはわかりません。また、前述のとおり、光触媒は光励起による励起電子を利用するため、常に電子の数が保証されているわけではありません。さらに、酸化反応と還元反応は同時に同じ数の電子と正孔が消費されなければならないため、片方が進行しない場合、他方も進行しません。

前述のとおり、標準電極電位はpH＝0のときの電位ですが、実際の反応系ではpHが異なることが多いと思います。その場合、水素イオンを含んでいる反応の標準電極電位や光触媒のCBBおよびVBT位置も、pHの増加に従い約60 mV/pHで変化します。

### 図3-1-1　還元力と酸化力

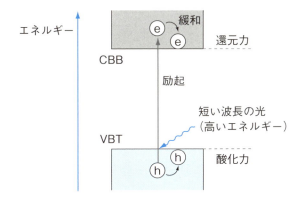

### 図3-1-2　伝導帯・価電子帯位置のpH依存性

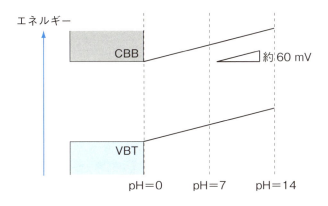

## ●酸化還元反応

酸化チタンの場合、CBBは酸素を還元するのに十分高く、酸素が反応系中に存在する場合、ほとんど酸素が還元されます。還元反応後の中間生成物はヒドロペルオキシラジカル（$HO_2\cdot$）、スーパーオキシドアニオンラジカル（$O_2\cdot^-$）もしくは別のものなのかは、反応系・反応条件によっても変化し、また、これらの還元生成物は酸化反応にも寄与すると考えられています。

酸素がない場合、酸化チタンはプロトン（水素イオン）を還元するだけの還元力をもってはいますが、実際には酸化チタンの表面では進行しにくいため、白金などの助触媒（5-7節参照）をつけることによって水素を生成します。そのほか、白金や金などの錯体や銀イオンなど、還元されやすい金属イオンがあると、これらの還元が進行し酸化チタン上に金属の微粒子が析出します。

酸素も白金などもない場合、水中では、酸化チタン自身が還元され、4価のチタンイオンが3価になり、粉末の色も白色から（青）灰色になります。一方、酸化チタンのVBTは$pH = 0$で約3 eVであり、とても強い酸化力をもっているため、ほとんどの物質を酸化することができます。

## ●活性酸素種

**活性酸素**とは酸素ラジカル（不対電子をもった分子または原子）のことで、通常の酸素分子$O_2$に比べて構造的に不安定で反応性が高く、強い酸化力をもつことが特徴です。酸素の還元反応ではヒドロペルオキシラジカルやスーパーオキシドアニオンラジカルなど、さまざまな中間体が考えられ、また、水酸化物イオンの酸化物としてヒドロキシラジカル（$\cdot OH$、水酸ラジカルとも呼びます）があり、これは強力な酸化剤のため、古くからヒドロキシラジカルが酸化反応の活性種であると報告されてきました。しかし、活性酸素種は確かに生成しますが、実際の反応に関与するかは不明のままです(5-12節参照)。

## ●ラジカル連鎖反応

酸化反応がヒドロキシラジカルによるものであるとしても、正孔による反応基質の直接酸化であるとしても、多くの有機物の酸化の第一段階ではラジカルが生成します。酸素が存在する場合、基質（RH）から生じたラジカル

（R･）とすばやく反応してペルオキシラジカル（RO₂･）となり、これが有機物から水素を引き抜きヒドロペルオキシド（RO₂H）になります。ペルオキシラジカルによって水素を引き抜かれたラジカル（R･）は再び酸素と反応してペルオキシラジカルとなり……と次々に**連鎖反応**が起こり、ラジカル同士が結合し、水素引き抜きが起こらなくなると反応は停止します。

このように、**ラジカル連鎖反応**では、光触媒反応によってラジカル連鎖反応の引き金となるラジカルが生成することで、1つの正孔で多数の分子を酸化させることができます。

**図 3-1-3　さまざまな活性酸素**

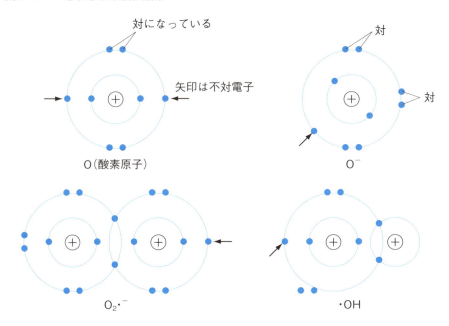

**図 3-1-4　ラジカル連鎖反応**

# 3-2 酸素の還元 / 水の酸化

## ●水—酸素反応

　水の分解や二酸化炭素の還元反応といった人工光合成反応では、酸化反応として水からの酸素生成反応（→）が、光触媒の応用として最も多く使われている環境浄化では、酸素の還元反応が進行し最終的に水が生成する反応（←）が対反応として進行します。

$$2H_2O \underset{4e^-}{\overset{-4e^-}{\rightleftarrows}} O_2$$

　つまり、光触媒反応の2つの大きな応用のいずれもが、水と酸素がかかわる反応を含んでおり、この反応を理解することはとても重要となります。この水—酸素反応では合計4つの電子が生成したり消費されたりしながら反応が進行します。

## ●実際に進行する反応は？

　しかし、この反応の理解はそう簡単ではありません。なぜなら、図3-2-1に示すように、この反応がかかわる標準電極電位はとてもたくさんあるからです。3-1節でも説明しましたが、目的とする酸化反応・還元反応を進行させるには、それぞれの反応の標準電極電位が、用いる光触媒のVBTとCBBの間になければいけません。つまり、

　　CBB＞還元反応の標準電極電位、酸化反応の標準電極電位＞VBT

という条件が必要になります。このCBBとVBTの間に、多くの反応の標準電極電位が存在する場合、どの反応が進行するのでしょうか。しばしば、水の酸化反応では4電子移動反応が、酸素の還元反応では1電子移動反応が進行するといわれてきましたが、いくつの電子で反応が進行するかについて

48

の科学的根拠が示されたことはありません。われわれは最近、不均一系光触媒反応の**光強度依存性**解析によって（6-3節参照）、水からの酸素生成反応では主に2電子移動反応が、酸素の還元反応では光触媒のCBBに応じて1電子移動反応や2電子移動反応が進行することを明らかにしました。この研究はまだ始まったばかりですが、実際にどの反応が進行するかを理解することは、反応の制御や新たな材料を開発する上でとても重要になります。

### 図 3-2-1　水—酸素反応系における標準電極電位

$$E^0/V$$

$$O_2 + e = O_2 \cdot^- \qquad -0.28$$

$$O_2 + H^+ + e = HO_2 \cdot \qquad -0.05$$

$$O_2 + 2H^+ + 2e = H_2O_2 \qquad 0.70$$

$$O_2 + 4H^+ + 4e = 2H_2O \qquad 1.23$$

$$H_2O_2 + 2H^+ + 2e = 2H_2O \qquad 1.76$$

$$\cdot OH + H^+ + e = H_2O \qquad 2.81$$

$E^0$ は標準電極電位

---

### ❗ メチレンブルーの分解

　われわれの研究室では、オープンラボなどでのデモンストレーション実験でよくこの反応を利用しており、とても手軽にできる便利な反応です。しかし、まじめに研究で用いる場合にはいくつか注意点があります。

　メチレンブルー溶液を調製する際、いったんエタノールなどの有機溶剤に溶解させてから水で希釈することが多いのですが、これら有機物が残ると、光触媒の正孔と有機物が優先的に反応してしまい、本来であれば酸化分解されるはずのメチレンブルーが励起電子によって還元されてしまいます。メチレンブルーは還元されても色が消えますが、酸化されたのか還元されたのかの区別は難しくなります。また、同様の理由で、光触媒薄膜を作製する際に光触媒スラリーの分散性をあげるための添加物にも注意が必要です。

　その他、巻末の補足資料にも、この反応に関する注意事項を詳細に解説していますので参考にしてください。

# 3-3 酸化チタン光触媒

## ●なぜ酸化チタンか

　現在、市販されている光触媒製品のほとんどは、**酸化チタン**（**二酸化チタン**、**チタニア**とも呼ばれますが、正式名は**酸化チタン**（IV）（さんかちたんよん）です）が使われています。

　その第一の理由は、酸化チタンが実用化材料としての基本的特性を兼ね備えているためです。すなわち、実用化の必須条件である「安全・安定・安価」です。酸化チタンはホワイトチョコや歯磨き粉に含まれるほど、無毒なため安全です。また、光を当てても自己溶解せず、よほどの強酸でないと溶解しないほど化学的にも安定な物質です。さらに、チタンは地殻中の存在度が第9位と、資源として地球上に比較的豊富にあるため、比較的低価格で入手しやすく（かつてはクラーク数でチタンの有用性が主張されてきましたが、地球科学の発展に伴いクラーク数の科学的意義が失われ、代わりに「地殻中の元素の存在度（図3-3-2)」という概念が使われるようになりました)、また、昔からおもに顔料として大量に生産されていた実績もありました。加えて前述のとおり、紫外光以下しか光を吸収しないために白色で、コーティングの際に下地の色やデザインを損なうことなく使用できます。そしてなにより、適当なCBB位置のおかげで十分な光触媒活性があります。

　これまで、酸化チタン光触媒はその「強い酸化力」のために、ほとんどすべての有機物を分解でき、よい光触媒材料であるといわれてきましたが、「強い酸化力」ではなく「適当な還元力」、つまり酸素を1電子還元することが可能であることが、酸化チタンが光触媒としてよい特性をもつ理由であるとわかりました。考えてみれば、前述のとおり金属酸化物のVBT位置は金属種を変えてもほぼ変わらないため、酸化力もほとんどかわらないはずです。酸化チタンのCBB位置が酸素の1電子還元の電位よりも上にあるために、この反応を進行させることができ、対反応の有機物分解もなんなく進行させることができるのです。逆をいえば、CBBが低くても酸素の多電子還元反

応が可能であれば（白金担持酸化タングステンやタングステン酸ビスマスなどは可能）、環境浄化反応も可能ということです。

## ●酸化チタンの種類

　酸化チタンの結晶は構造の違いによって、ルチル型、アナタース型、ブルッカイト型の３種類に主に分類されます。このうち光触媒として最も使われているのはアナタース型で、次にルチル型です。アナタース型酸化チタンが多く用いられている主な理由は、応用に用いられることが多い有機物分解の光触媒特性が高いからなのですが、その理由はおそらく酸化チタン粒子のサイズが小さいものが多く、CBBが高いからであると考えられます。アナタース型酸化チタンとルチル型酸化チタンでは、製造方法やバンド構造、粒径などさまざまな特性が異なるため、適材適所で選ぶのがよいでしょう。

　また、酸化チタンは現在さまざまなメーカーから販売されていますが、結晶構造の違いだけでなく、その組成や種々の特性もメーカーによって異なるため、光触媒特性などを比較する際には注意が必要です。

## ●酸化チタン以外の光触媒

　光触媒反応を起こす物質は酸化チタン以外にもたくさんあり、新しい材料も活発に研究・開発が進められています。例えば、同じ金属酸化物半導体の酸化亜鉛（ZnO）、酸化タングステン（$WO_3$）、チタン酸ストロンチウム（$SrTiO_3$）などが光触媒として使われています。それぞれ、酸化チタンよりも酸化力が強い、酸化チタンよりも可視光に近い光を使える、印加電圧なしで水分解できるといった長所があります。逆に、酸やアルカリに溶けやすく光の吸収により自己溶解する、還元力が弱い、製造コストが高いといった短所もあり、結果として現在は酸化チタンが最も実用的な光触媒です。

　そのほか、硫化カドミウム（CdS）や硫化亜鉛（ZnS）などの金属硫化物も光触媒になります。特に硫化カドミウムは酸化チタンに次いでよく研究されてきた光触媒で、酸化チタンよりも伝導帯が上にあるために、白金なしでも水素を発生させられたりとおもしろい材料ではありますが、化学的安定性がとぼしく自己溶解したり、カドミウムイオンが有毒なために環境浄化には不向きであり、やはり酸化チタンより実用的なものはみつかっていません。

### 図 3-3-1　酸化チタンの特性

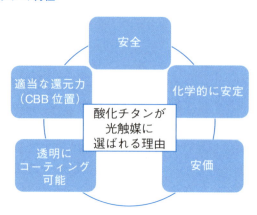

### 図 3-3-2　地殻中の元素の存在度 [1]

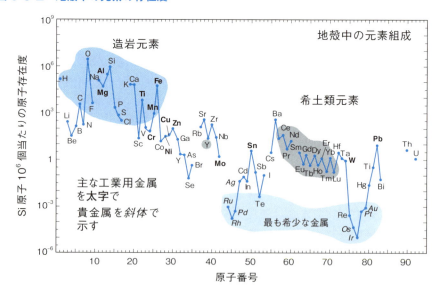

チタンはレアメタルだが埋蔵量が比較的豊富。

---

[1] U.S. Geological Survey, Fact Sheet, 087-02

**表 3-3-1 種々の半導体光触媒の特性**

| 半導体光触媒 | | バンド<br>ギャップ<br>(eV) | 長所 | 短所 |
|---|---|---|---|---|
| 酸化チタン | $TiO_2$ | 3.2 | 5大特徴 | 紫外光しか吸収しない |
| チタン酸<br>ストロンチウム | $SrTiO_3$ | 3.2 | 水分解が可能 | 製造コストが高い |
| 酸化亜鉛 | $ZnO$ | 3.2 | 酸化力が強い | 化学安定性が乏しい |
| 酸化タングステン | $WO_3$ | 2.5 | 可視光を吸収 | 還元力が弱い<br>化学安定性が乏しい |
| 硫化カドミウム | $CdS$ | 2.4 | 還元力が強い | 化学安定性が乏しい<br>$Cd^{2+}$ の毒性 |
| 酸化鉄 | $Fe_2O_3$ | 2.2 | 可視光を吸収 | 還元力が弱い<br>磁性を持つ |

3・光触媒のはたらきとしくみ

### ❗ P 25

　光触媒の研究で比較試料や標準試料としてよく用いられている通称 P 25（P と 25 の間に半角スペース）ですが、正式には AEROXIDE® TiO2 P 25 で現在は日本エアロジルが供給しています。触媒学会が配布する TIO-4 も中身は P 25 です。もともとは Degussa P-25（デガッサもしくはドイツ語読みでデグサ、Degussa P25 の表記もあり）という製品名で Evonik Degussa（当時）が供給していました。その結晶組成は重量比で、アナタース：ルチル：アモルファス ＝ 78：14：8 と報告されています。

# 3 -4 環境浄化

　さて、光触媒の基本的なはたらきを説明したところで、次はいよいよ製品化されている光触媒の機能のしくみについて説明します。まずは環境(空気、水、土壌、抗菌) 浄化についてです。これらのしくみはすべて『酸化還元反応による「有機物」の分解』と置き換えて説明することができます。

## ●空気浄化・消臭・脱臭・水浄化・土壌浄化

　有害もしくは有毒な有機化合物を、二酸化炭素や塩化水素まで酸化分解することを**無機化**（mineralization）と呼びます。家庭で問題となる有機化合物は、シックハウス症候群の原因となる揮発性有機化合物（VOC、ホルムアルデヒド、アセトアルデヒド、トルエンあるいはベンゼンなど）やたばこの煙、たばこやペットの臭い、台所からでる油性の煙、花粉、インフルエンザウィルス、ノロウィルス、細菌などです。街に目を向けてみると、工場からのばい煙や自動車から排出される大気汚染物質の１つである窒素酸化物（$NO_x$、ノックス、主に一酸化窒素 NO と二酸化窒素 $NO_2$）やすす、工場排水からのトリクロロエタンなどの VOC など、実にさまざまな有害・有毒な有機化合物を浄化したり、なくしてしまいたいという要望があります。

　ここにあげたものはほぼすべて有機物ですので、空気中の酸素を用いて光触媒の酸化還元反応により完全に無機化、分解・除去することができます。

　ただし、光触媒は大量の処理には不向きであり、また光触媒に接触（吸着）している有機物しか分解できないため、浮遊しているものを分解することはできません。また、屋外で光触媒を使う際には太陽光を利用すればよいのですが、酸化チタン光触媒は紫外光しか吸収しないため、室内で使う際には紫外光を出す光源の確保が必要です。製品化するためには、このような課題に対してそれぞれ工夫や対策が必要となります。

　なお、環境浄化の場合に、酸化反応だけが起こっているように見えるのは、酸素の水への還元が起こっているためであり、実際には、酸化反応と還元反応の両方が、同じ励起電子・正孔の数だけ進行しています。

**図 3-4-1　有機物分解のしくみ**

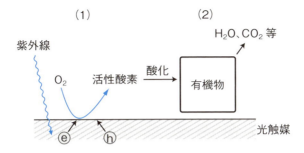

(1) 光励起により生じた励起電子や正孔が、光触媒表面に吸着した酸素を還元・酸化し、活性酸素ができる。
(2) 活性酸素が光触媒表面に吸着した有機物を無機化・分解・除去する。

## ●殺菌・制菌・抗菌・抗ウイルス・防かび・防藻

　細菌・ウイルス・かび・藻も有機物でできていますので、光触媒で酸化分解することで殺菌したり繁殖を防いだりできます。

　細菌（**バクテリア**ともいわれます）とは単細胞の微生物で、その細胞はたんぱく質や脂質できています。ブドウ球菌のように発育に酸素を必要とする好気性菌と、破傷風菌のように酸素があると発育できない嫌気性菌に分かれ、後者は深い傷を負ったときなどに発症します。さらに、サルモネラのように感染によって組織を破壊するタイプと、大腸菌 O157 や破傷風菌など毒素を出すタイプがあります。一般的には 70℃程度の温度で死滅しますが、土壌中にいる炭疽菌や破傷風菌は、生息条件が悪化すると芽胞を形成し、芽胞は 100℃でも死なずに数十年も生き延びるため、病気が発生した地域で風土病化したりします。

　一方、ウイルスは細胞をもたず、遺伝物質（DNA もしくは RNA のどちらか）が殻のようなもの（カプシド）に包まれただけの単純な微生物です（ウイルスを微生物ではなく化学物質と考える場合もあります）。

　細菌はウイルスより数 10 倍〜約 100 倍サイズが大きく、自分の力で増殖することができますが、ウイルスは人や動物の細胞内に入らなければ増える

ことができず、寒天培地では培養できません。例えば、水にぬれたスポンジの中で細菌は増殖しますが、ウイルスはしばらくすると消えてしまいます。したがって、細菌に対しては殺菌・制菌・抗菌を施すことが重要です。

簡単に光触媒による殺菌のしくみを説明すると（図3-4-3）、

(1) 光励起により光触媒内に励起電子─正孔ができ、
(2) 励起電子と正孔が表面に吸着した酸素を還元・酸化し活性酸素（·OHなど）ができ、
(3) 活性酸素が光触媒の表面にいる細菌やウイルスを酸化分解する、

といわれています。活性酸素にとっては通常の汚れも細菌・ウイルスも有機物に違いはなく、すべて酸化分解します。このように活性酸素は細菌の細胞壁を作っているたんぱく質や脂質を分解・破壊し、次にその中の細胞膜を分解・破壊します。ウイルスでも同様に遺伝物質を包むカプシドを分解・破壊します。また、O157などのように、死ぬ際に放出された毒素も有機物ですので、分解することができます。

---

### ⚠ 酸化チタンの安全性

食品添加物や化粧品などの身近な製品で、既に当然のように使われている酸化チタンですが、ここ数年、その安全性に疑問を投げかけるような研究結果がいくつか報告されています。酸化チタンへの継続的なばく露と疾患発生が対応しているものには、認知症、自己免疫疾患、癌の転移、アトピー性皮膚炎、喘息、自閉症などがあります。フランスでは独自の規制として、2020年から酸化チタンを含む食品の市場投入が禁止されることになりました。日本でも、厚生労働省を中心として酸化チタンのリスク評価や健康障害の防止措置などが検討されていますが、酸化チタンの有害性に対する根拠実験では主にラットが用いられており、その検討には慎重な判断が必要です。

### 図 3-4-2　微生物の分類

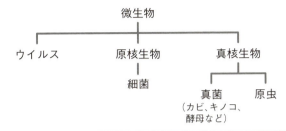

| | ウイルス | 細菌 | 真菌(カビ) |
|---|---|---|---|
| 大きさ | 数十 nm 〜数百 nm | 数 μm 〜十数 μm | 数 μm 〜数十 μm |
| 増殖 | 寄生した宿主細胞中で増殖 | 自力で増殖 | 自力で増殖 |
| 基本的な構造 | 核酸(DNA もしくは RNA)／カプシド | 細胞壁／線毛／鞭毛／細胞膜 | 細胞質／細胞膜／核／ミトコンドリア／細胞壁 |

### 図 3-4-3　抗菌（細菌の分解）のしくみ

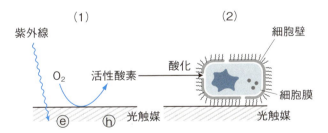

(1) 光励起により励起電子と正孔が生じ、吸着酸素を酸化・還元して活性酸素ができる。

(2) 活性酸素がまず細菌の細胞壁を酸化・分解し、さらに細胞膜や細菌細胞を破壊し、完全に酸化分解する。

これら細菌やウイルスの殺菌や抗菌を光触媒を用いて行うことで、光触媒でしか発現できないメリットが2つあります（図3-4-4）。

　1つ目は、有機物でできている細菌やウイルスであれば種類を問わず、なんでも酸化分解できる点です。通常の抗菌剤は、特定の構造を壊したり、特定の酵素の働きを阻害したりすることでその機能を発揮するため、すべての細菌に効力を発揮するわけではありません。また、同じ理由で、突然変異による耐性菌（殺菌・抗菌性能が効かない菌）も発生しえません（有機物で構成されている限り分解できるため、光触媒で分解できない菌、つまり耐性菌が生じる心配もないのです）。

　2つ目は、菌やウイルスの死骸や毒素も分解できるため、菌やウイルスを「完全に」除去できる点です。これらは感染症やアレルギーの原因になる場合があるため、これらを完全分解し除去できる光触媒を殺菌目的で使うことは大きな利点となります。

　しかし、こういった抗菌効果などが必要な場所というのは、常にその効果が必要な場合が多く、光が当たっていない夜間などに抗菌効果を維持させる工夫が必要となります。

### 図 3-4-4　抗菌材料に光触媒を使うメリット

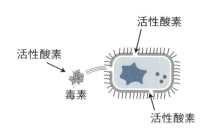

（1）突然変異により抗菌剤に耐性のある菌が誕生……しえない！
（2）死骸や細菌が出す毒素も分解する。

# 3-5 超親水化

　酸化チタンなどの薄膜表面に紫外線が当たると、水が水滴にならず表面に広がります（図3-5-1）。これを**光誘起超親水化**と呼びます。この特性は酸化チタン光触媒の2大機能の1つです。例えば、チタン酸ストロンチウム光触媒ではこの機能は生じにくいとされています。一方、曇りという現象は、表面に形成された無数の小さな水滴により光が乱反射されて生じますが、表面が超親水化されると、表面に水の薄い膜が形成されることで光の散乱が生じず、曇りも生じません（図3-5-2）。この機能は、1995年に東京大学とTOTOとの共同研究中に発見され、それ以降この機能を用いた製品が数多く、世の中に誕生しました。

　光誘起超親水化のメカニズムは完全には明らかになっていませんが、表面に有機物がないと超親水性が発現しないことから、励起電子と正孔による有機物分解と酸素の還元により過酸化物が表面にでき、それにより超親水性が発現するのではないかと考えられています。

　一方、光を当てるのをやめて暗い場所においておくと、次第に親水性が弱まり、最終的に親水性の表面に戻ってしまう（図3-5-3）という課題もあり、これを低減もしくは防止する工夫が必要となります。

　この超親水性と光触媒による酸化分解反応の複合効果で、次節で説明する**セルフクリーニング**が実現します。

図 3-5-1　超親水性のしくみ

紫外線の吸収により光励起が起こり、
酸化チタンの表面構造が変化する。

図 3-5-2　超親水性化によるガラスの防曇

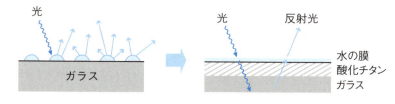

ガラスの表面についた細かい
水滴が光を散乱させるため、
白く曇って見える。

水接触角がほぼゼロとなって水滴
(曇り)が生じなくなるため、光の
乱反射・散乱が生じず、ガラスは
曇らない。

図 3-5-3　親水性と撥水性

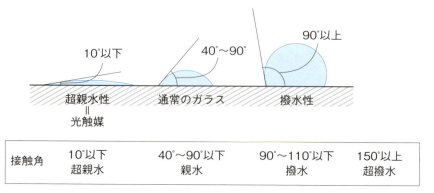

紫外線が当たり超親水性化した光触媒表面では
水の接触角は10°以下となり、非常にぬれ性がよくなる。

# 3-6 セルフクリーニング

**セルフクリーニング効果**が発現するしくみは、以下のとおりです。

(1) 光が当たると、光触媒コーティングの表面に吸着された油分などの有機物が酸化分解される一方、表面が超親水化する。
(2) 酸化分解されずに光触媒の表面に残ったちりやほこりなどの無機物や、酸化分解によって付着力の弱まった有機物が、雨で洗い流される。
(3) さらに超親水性表面では油分などの汚れがつきにくくなる。

「人手に代わって自動で清掃を行う」この機能をもった製品は、市場でも大変需要があり、例えば高層ビルの窓や外壁、駅や空港の屋根、高速道路の遮音壁やトンネル内の照明など、頻繁に清掃するのが難しい場所で特に活躍しています。実際に、光触媒関連市場の半分ほどは、このようなセルフクリーニング製品で占められており（4-8節参照）、光触媒製品の中で最も成功した例といえるでしょう。

### 図 3-6-1 セルフクリーニングのしくみ

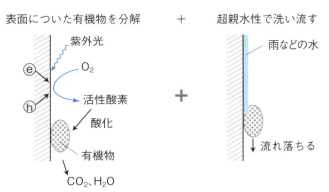

活性酸素によって表面についた有機物を酸化分解する。
また、酸化分解によって有機物の付着力も弱める。

超親水性によってできた水の膜で洗い流される。
＝セルフクリーニング効果!!

# 3-7 人工光合成（光エネルギー変換）

## ●水の分解による水素製造

　水分解では、3-2 節で説明した標準電極電位で示される反応のいずれかを、光触媒で進行させることになりますが、ここで、光触媒の選び方が非常に重要となります。標準電極電位上では、2 電子移動反応による水素生成反応と 4 電子移動反応による酸素生成反応のエネルギー差は 1.23 eV ですが、実際には 4 電子移動反応はほとんど進行せず、VBT/CBB 位置の差（バンドギャップ）がより大きな光触媒が必要となります。

　また、光触媒の VBT/CBB 位置は光触媒の種類によって決まっていること、金属酸化物の VBT は主に酸素の 2p 軌道で構成されているため、光触媒の種類を変えてもほとんど変化しないことなどの理由により、1 種類の材料だけで水分解を進行させることができる光触媒は、限られています。

## ● Z スキーム型水分解

　そこで、Z スキーム型と呼ばれる、二段階光励起による光触媒反応が注目されています(図3-7-1)。これは、酸素生成反応、水素生成反応をそれぞれ別々の光触媒上で進行させるもので、植物の光合成でも明反応は Z スキーム機構で進行しており、これに倣ったかたちです。

　この反応では、水素と酸素の発生場所を分けることができ、また、酸素生成反応、水素生成反応をそれぞれ別々の光触媒上で進行させればよく、光触媒の選択の幅が広がります。バンドギャップの小さな光触媒でも利用しやすくなるため、可視光を効率的に利用でき、太陽光を用いた水分解の実用化に期待が寄せられています。また、この反応では、酸素生成反応、水素生成反応の対反応をうまく進行させるレドックス媒体の開発も重要で、さまざまな研究が行われています。

## ●水分解反応における注意点・開発の鍵

水分解の研究を行う際に、注意する点がいくつかあります。

まず、水分解では**化学量論**のチェックがとても重要です。つまり、「水素の生成量が2に対して酸素の生成量が1である」ことを確認することが必要です。しばしば光励起で生成した正孔が、光触媒の自己酸化に使われてしまったり、水分解はアップヒル反応（吸熱反応、エネルギー貯蔵型、図3-7-2）ですので、生成した酸素と水素で水が生成する、**逆反応**が進行したりしてしまいます。自己酸化を抑制するための材料開発や、逆反応を防止するための研究もさかんに行われています。

「生成した水素、酸素の起源が水である」ことの確認も重要で、同位体を用いて起源を確認することもしばしば行われます。また、材料開発の段階ですと、酸化反応、還元反応の片方だけを進行させるために、しばしば有機溶剤などの犠牲試薬が利用されますが、それを用いた反応は正確には水分解ではありませんので、その効率の高低を議論、比較してもまったく意味がありません。水分解は水を分解して初めて水分解と呼べるのです。

本多―藤嶋効果が発表されて50年近くが経とうとしていますが、いまだに光触媒を用いた水分解は実用化されていません。実用化には、効率、経済性、安全性などを総合的に判断する必要がありますが、実際にはこれらがまだ実用化できるレベルではないということです。効率に関しては、**太陽エネルギー変換効率**（Solar-to-hydrogen conversion efficiency、STH）10％程度が実用上の必須条件といわれていますが、実際は5％ほどです。また、経済性に関しては、例えば、水素の製造コスト（現在用いられている製造方法（メタンの水蒸気改質法）での水素の値段、酸素の値段はそれぞれ1 kg当たり3.5 US\$、0.1 US\$程度で、光触媒を使ったシステムがこの価格に対抗できるかが鍵となり、そのためにはSTHの向上も重要）や、酸素と水素を「安全に」分離、濃縮、貯蔵、運搬するコスト（水素、酸素、窒素の限界濃度も重要）、寿命、耐久性などが争点となっており、安全性の改良や改善も求められております。現在世界中で多くの研究者・開発者が実用化を目指して知恵を絞って取り組んでおり、さらなる研究の進展が期待されます。

### 図 3-7-1　1 段階水分解と Z スキーム型水分解

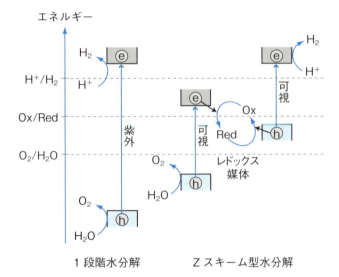

太陽光で水分解を効率よく行うためには
(1) VBT が水の酸化電位より下
(2) CBB が水の還元電位より上
(3) バンドギャップが狭いほどよい（1.23 eV ～、可視光利用）
(4) 電子正孔の分離
(5) 助触媒上で逆反応の抑制 or 逆反応を起こらせないような助触媒設計
などが必要となる。

### 図 3-7-2　水分解はアップヒル反応

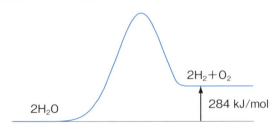

水分解はアップヒル（吸熱）反応、逆反応も起きる。

## ❗ 太陽光発電＋電解 vs 光触媒

　日本では光触媒による水分解の研究がさかんに行われていますが、例えばアメリカなどでは「太陽光発電により生成した電気エネルギーで水を電気分解（電解）することで水素をえる」研究がさかんに行われています。

　太陽電池は成熟した技術であり、太陽光変換効率は高いもの（実験室レベル）で46％にもなります。この高効率で発電された電気を水の電解に用いるわけですから、その効率も大変高いものになります。しかし、太陽電池の製造コストや寿命、水電解との組み合わせによるシステムの複雑化により、低価格化には限界があります。

　一方、光触媒は発展途上の技術であり、現状では効率が低いですが、システムが単純であるため、大面積化が容易であるというメリットがあります。

　STHが10％のこれら光触媒・光電極、およびそれに付帯するシステムが開発された場合、25 km$^2$規模の人工光合成型水素製造プラントから1日当たり570 tの水素が製造できると試算されていますが[1]、例えば、2050年ごろのエネルギー需要の1/3を、人工光合成プロセスで製造した水素で賄うには、このプラントが1万基必要で[2]、これは日本の65％を占めるほどの面積でイギリスと同程度の面積となります。こうした意味でも、人工光合成用光触媒・光電極の開発には、拡張性を考慮した設計が重要です。

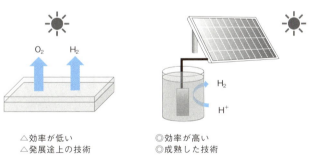

エネルギーを電気エネルギーとして貯める（使う）のか、化学エネルギーとして貯める（使う）のかの議論も続けられている。

[1] *J. Phys. Chem. Lett,* **1** (2010) 2655
[2] *AnApple newsletter,* **2**(3) (2014)

## ●二酸化炭素の還元による燃料製造

　温室効果ガスの二酸化炭素を用い、光触媒による還元反応によって高付加価値な燃料や有機物を生産しようとする試みも行われています。

　前述した水分解ではSTHのような効率がまず問題になっていましたが、二酸化炭素の還元反応ではそれに加え、生成物の選択性という新たな課題が生じます。というのも、二酸化炭素の還元反応にかかわる標準電極電位は図3-7-3に示すように多様で、生成物もそれぞれで異なります。そのうえ、それぞれの標準電極電位はとても近接しており、目的の生成物の還元反応だけをいかに選択的に進行させるかが非常に重要となります。

## ●選択性の向上

　二酸化炭素の還元研究では、主に生成物の選択性向上をめざした研究が進められております。例えば、一酸化炭素を選択的に生成させることができる銀粒子を助触媒として用いたり、生成物の選択性が高いという長所をもつ均一系光触媒反応の光触媒である、金属錯体と半導体光触媒を複合したりといった具合です。

## ●二酸化炭素還元反応における注意点

　二酸化炭素の還元反応においても化学両論のチェックは重要です。二酸化炭素の還元反応の場合、生成物が1種類の場合はほとんどないため、消費された電子正孔のバランスで議論されます。また、犠牲試薬の使用も好ましくありません。例えば、二酸化炭素を還元してギ酸を生成する場合、より高価な有機溶媒を犠牲剤として使用していたら、何をやっているのかわかりません。

　二酸化炭素の還元反応に関する研究は、水分解の研究に比べて基礎研究が多く、実用化はまだまだみえません。しかし、温室効果ガスという憎まれ役の二酸化炭素から、高付加価値の有機物を生成できるこの反応は、現代の人類が抱える環境問題、エネルギー問題を解決する糸口として大変魅力的で有望視されており、今後の革新的な研究・開発が期待されます。

**図 3-7-3 二酸化炭素還元反応の標準電極電位**

$$E@pH=7/V$$

| | |
|---|---|
| $CO_2 + e = CO_2 \cdot^-$ | $-1.90$ |
| $CO_2 + 2H^+ + 2e = HCOOH$ | $-0.61$ |
| $CO_2 + 2H^+ + 2e = CO + H_2O$ | $-0.53$ |
| $CO_2 + 4H^+ + 4e = HCHO + H_2O$ | $-0.48$ |
| $(2H^+ + 2e = H_2)$ | $-0.41$ |
| $CO_2 + 6H^+ + 6e = CH_3OH + H_2O$ | $-0.38$ |
| $CO_2 + 8H^+ + 8e = CH_4 + 2H_2O$ | $-0.24$ |
| $O_2 + 4H^+ + 4e = 2H_2O$ | $+0.82$ |

## ⚠ 水素エネルギーの課題

　石油に替わるクリーンなエネルギーとして期待されている水素ですが、低コストの水素を大量に供給できるかが最大の課題です。将来的に、化石燃料と同程度の価格で水素を供給できなければ、実用化は難しいです。日本では、2014年の水素・燃料電池戦略ロードマップにおいて、水素の価格を2020年代後半に30円/$Nm^3$にまで下げるとの目標を示しており、これはエネルギー量基準において現在のガソリン価格2.6円/MJに相当します。アメリカやEUにおける供給価格目標も同程度であり、実用的な人工光合成プロセスの実現には、この水素価格の実現を見据えた効率やコストの改善が必要です。

# 3-8 有機合成

　酸化反応と還元反応を同じ反応場（光触媒上）で同時に進行させることができる、という光触媒反応特有で他の反応系では実現不可能な特徴を利用し、**有機合成**に応用する研究が進められています。

　必須アミノ酸の一種であるL-リシンを原料に、無酸素雰囲気の水溶液中で光触媒反応を行うと、ピペコリン酸が生成します。ここで光触媒に酸化チタンを用いると、原料と同じ立体配置の光学異性体L-ピペコリン酸が、選択的に得られることがわかっています。ピペコリン酸は医薬品の原料となるファインケミカルの1つですが、天然物から取り出すことはほぼ不可能なため、人工的に合成するしかありません。光触媒反応によるピペコリン酸の合成は、これまで知られている合成経路のうちで、特別な試薬を必要としない唯一の反応であり、また、この反応には励起電子と正孔による酸化還元反応が含まれており、副生成物が生成しません。このような光触媒による有機合成は、

(1) 常温・常圧下で反応が進行するため比較的不安定な物質も対象となる。
(2) 水溶性の化合物を原料にすることができる。
(3) 酸化剤・還元剤の添加による副生成物が生成しない。
(4) 光照射をやめれば反応が止まる。

など、グリーンケミストリーに求められる特徴を有しています。しかし、光照射装置の導入などの設備投資に見合うだけの工程的・価格的メリットのある合成反応を見出せておらず、現在、工業化・製品化には至っていません。

**図 3-8-1　L-ピペコリン酸の合成**

L-リシン　　　　　　　　　　　　　L-ピペコリン酸

# 光触媒の実用例

　光触媒の２つの機能である「酸化還元反応」と「超親水性」を組み合わせ、さまざまな応用製品が生み出されています。本章ではその一部を紹介します。

# 4 -1 建築外装材、建築資材

## ●晴れの日には分解し、雨の日には洗い流す

　現在光触媒を用いた製品で市場規模が最も大きいのが、タイル・窓ガラス・塗料・フィルム・テント膜材など、住宅やビルなどの外装材への利用で、その目的はセルフクリーニング効果を用いた汚れ防止です。

　外装の汚れは、空気中に浮遊しているちりやほこり、工場からのばい煙、自動車からの排気ガスなどが主な由来ですが、ちりやほこりは静電気力によって、ばい煙や排ガスはその中に含まれる油分によって外装材にくっつき、さらにその上にちりやほこりがくっつき……と、この繰り返しで外装は汚れていきます。特に油分は、時間が経つと固まってしまい、落としにくくなってしまいます。

　光触媒はこの油分などの汚れに対して効力を発揮し、酸化分解します。また、親水性の表面では、油分などの汚れがつきにくくなり、もしついても、雨水などで流れ落ちやすくなります。ちりやほこりは無機物なので、光触媒では分解できませんが、雨が降るとこれらの汚れも洗い流されます。

　外装材は、日中であれば常に太陽光にさらされており、なにもしなくても光触媒が効力を発揮できる紫外線が降り注いでくれるため、光触媒にとってはうってつけの場所です。また、ときおり降る雨水で、汚れを洗い流せます。晴れの日には太陽の光で汚れを分解し、雨の日には雨水で汚れを洗い流すのです。

### 図 4-1-1　光触媒が使われている建物

（上左）丸の内ビルディング（丸ビル）の壁面に光触媒を用いた抗菌タイルが使われており、これが光触媒の実用化第 1 号（2002 年完成）。（上右）著者が所属する北海道大学触媒科学研究所が入る建物の窓ガラスや（下左）パリ・ルーブル美術館のピラミッド型入場口の窓ガラスにも光触媒が使われ、（下右）東京駅のグランルーフには光触媒テントが使われている。

## ●光触媒のコーティング

前述のとおり、現在、市場に出回っている光触媒製品に使われているのはほとんどが酸化チタンで、粉末という場合が一般的です。つまり、酸化チタン光触媒をさまざまな用途で用いる際には、その粉末を下地となるもの（壁や窓ガラスなどの基材）に固定しなくてはなりません。

すぐに思いつくのが、のりのような接着剤（バインダー）に酸化チタンを混ぜて塗り、乾かす方法です。しかし、光触媒と接している有機物はすべて分解されてしまうため、バインダーが有機物の場合には、光触媒を固定するための接着成分も分解されてしまい、光触媒自体を基材表面に保持できなくなります（チョーキング現象）。したがって、使えるバインダーは無機物に限られ、現在はシリカなどが主に利用されています。

ほかにも、酸化チタンやチタンアルコキシドを溶媒に混ぜ、さまざまな方法を用いてこのゾルを基材にコーティングする方法や、真空装置を用いたドライプロセスによる方法などがありますが（図4-1-2）、コーティングは基材の材質によって次の2つに分けられます。すなわち、材質がセラミックなどの無機物の場合には、酸化チタンは製品の上に直接コーティングし、プラスチックなどの有機物の場合には、基材の上に無機物の下地材をコーティングし（中間層）、その上に酸化チタンをコーティングします。つまり、基材が有機物の場合には、基材と酸化チタンの間に無機物の層をはさむことで、酸化チタンが基材と直接接触するのを防ぎ、基材が酸化チタンによって分解されるのを防ぎます（図4-1-3）。

コーティングは、光触媒を製品として世の中に出す際の要の技術ですので、さまざまな角度から研究されており、目的や基材に応じて適切なものを選ぶ必要があります。興味がある方は『光触媒応用技術[1]』などに詳しくまとめられていますので、参考にされるとよいと思います。

---

[1] 光触媒応用技術、橋本和仁監修、2007、東京図書

### 図 4-1-2 さまざまな光触媒コーティング法

(1) スプレー

酸化チタンのゾルを
スプレーで吹きつける。

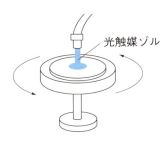

(2) スピンコーティング

基材を高速で回転させ
ながら,ゾルを滴下し
遠心力で広げる。

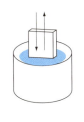

(3) ディップコーティング

基材をゾルに浸し引き
上げる。

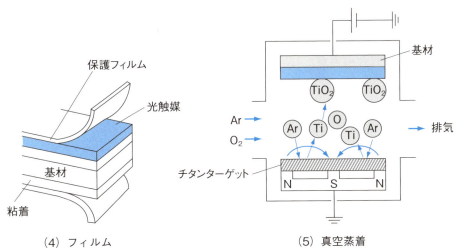

(4) フィルム

(5) 真空蒸着
(スパッタリング法)

プラズマ化したアルゴンイオンにより、チタンターゲットをスパッタし、チタン原子と酸素が反応して基材上で酸化チタン膜ができる。

4・光触媒の実用例

**図 4-1-3　中間層で基材を守る**

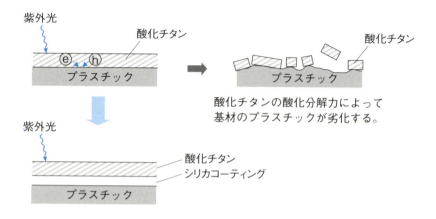

### ❗ 光触媒施工業者

　これからビルや住宅などを新規で建設しようとする際には、本節で紹介した焼き付けやスパッタリングコーティングなどにより光触媒処理をあらかじめ施した外装材や資材を壁や窓ガラスに用いればよいのですが、既存の建造物に光触媒効果を新たに付与する場合には、スプレーコーティングもしくは光触媒層をはさんだ透明フィルムを張り付けることになります。これには、塗布面の洗浄などの前処理や透明で均一なコーティングなどに熟練の技術が必要で、塗りすぎや塗り忘れなどを避けるため、多くの施工業者ではコーティング剤メーカーと連携し、研修会などを通じて施工技術や知識の向上に取り組んでいるようです。

# 4-2 建築内装材

　建物の外装だけでなく、建物の内装材にも光触媒が用いられており、製品としては壁紙・ブラインド・天井材・タイルなどがあります。内装材による効力で注目すべきは、シックハウス症候群の原因物質（VOC）やたばこ、ペットなどによる不快な臭い（悪臭）の分解です。また、特に病院や空港などの公共施設での使用で効果が期待されるのが、細菌・ウイルスなどの酸化分解による殺菌・抗菌です。

　しかし、外装材では光の照射について考慮する必要がありませんでしたが、内装材では利用できる光がより限られているため、さらなる工夫が必要になります。

## ●壁紙

　まず、内装材で思い浮かぶのは壁紙ではないでしょうか。光触媒効果のある壁紙を壁や天井に使えば、より大きな面積で光触媒が利用できるため、より大きな効果を期待できるかもしれません。しかし、これらの基材としてよく用いられる紙や不織布は有機物でできており、光触媒の接触によって基材が劣化してしまいます。

　そこで、光触媒と基材との接触を最小限にするような、特別な形状の光触媒が開発されたり、基材への固定法を工夫したりすることで、コーティングの強度や耐久性を向上させる手法がとられています。また、空気中に浮遊する有機物の吸着を高めるために、吸着力の強いアパタイトやゼオライトなどの無機物と複合した光触媒も開発されており、光が当たらないときにVOCや細菌などを吸着し、光が当たっているときに光触媒でこれらを酸化分解するといった製品も発売されています。

## 図 4-2-1　紙の耐久性を低下させない形状の光触媒

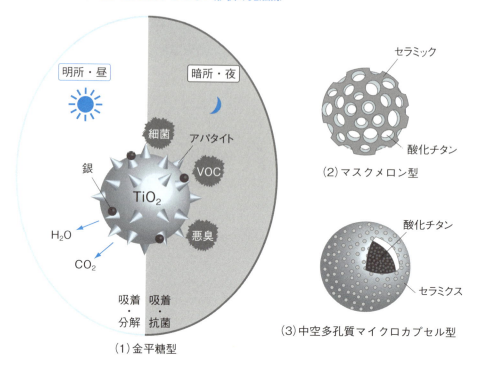

(1) 金平糖型
(2) マスクメロン型
(3) 中空多孔質マイクロカプセル型

## 図 4-2-2　光触媒が使われている空港のトイレ

抗菌・消臭・防汚目的で病院の内装やトイレの壁材・タイルなどに光触媒が使われている。

提供：TOTO 株式会社

## ●抗菌タイル

　光触媒を用いた殺菌メカニズムは前述のとおりですが、この効果を利用した抗菌タイルが手術室・トイレ・浴室などに使われています。また、酸化チタンは抗菌、抗カビ、防汚だけでなく、防藻特性も発揮することがわかっており、これを利用して噴水・人工池・人工水路などにも利用されています。

　抗菌効果が必要な場所では、常にその効果が必要な場合が多く、光が当たっていない夜間などに抗菌効果を維持することが課題です。そこで、殺菌効果のある酸化チタンと、抗菌効果のある銀や銅などの金属ナノ粒子とを複合することによって、光が当たっていないときでも抗菌性を発揮・維持できるような工夫が施されています。このタイルでは、酸化チタンによって細菌の細胞膜に開けられた小さな穴から抗菌金属イオンを注入できるため、抗菌効果も向上します。

　また、タイルだけでなく抗菌フィルムも開発されており、既存の製品にフィルムを貼り付けるだけで抗菌効果を発揮できます。この場合、フィルムによって下地の色や質感を損なわないよう、微細な光触媒粒子に分散剤を混ぜて樹脂と配合され、透明なフィルムになるよう工夫されております。

　このように、外装用のセルフクリーニングタイルと内装用の抗菌タイル、光触媒のしくみを上手に利用した、適材適所の製品が作られています。

### 図4-2-3　金属ナノ粒子との複合抗菌のしくみ

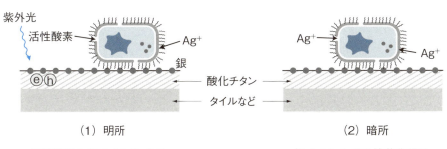

**図 4-2-4　光触媒が使われている手術室**

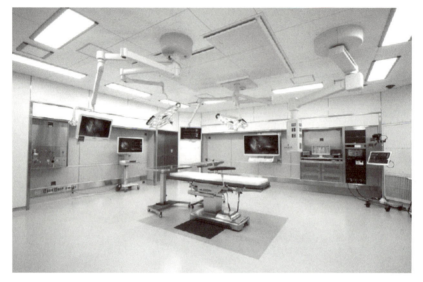

抗菌・抗ウイルス目的で、感染防止が求められる手術室や病院の壁や床などに光触媒が使われている。

提供：エア・ウォーター防災株式会社

### ❗ 室内での光触媒の利用

　室内では十分な紫外光を照射することができないため、応用製品で多く利用されている酸化チタンでは光触媒効果が十分に発揮できません。屋外での紫外光の光強度は季節や時間帯・天気にもよりますが1～3 mW/cm$^2$程度で、室内ではその1000分の1程度になってしまいます。また、浴室などで電球にカバーがつけられてしまうと、紫外光はほとんど望めません。しかし、太陽光にも室内光にも可視光は大量に含まれており、可視光も光触媒反応に利用することができれば、光触媒反応速度を大幅に向上させることができ、室内でも光触媒を有効に利用することが可能となります。そこで、可視光応答型光触媒の開発が活発に行われているのです。

# 4-3 道路資材

　道路資材としては、アスファルト・ブロック・防音壁・照明などに光触媒が使われています。その目的は、特に自動車から大量に排出される大気汚染物質の1つである、**$NO_x$ の酸化分解**と**セルフクリーニング効果**です。$NO_x$ がそのまま光触媒によって分解されると硝酸イオンができますが、そこに雨が降ると、生成した硝酸イオンが雨で洗い流されるため（図4-3-2）、酸化チタンを用いた道路資材を用いることで、大気浄化が可能となります。

## ●道路

　酸化チタンをセメント（主な成分は酸化カルシウム）系の固定剤で固定（フォトロード工法、日本オリジナルの技術）して作られた道路は、$NO_x$ を分解する効果があります。自動車から排出された $NO_x$ は酸化チタンに酸化され、さらにカルシウムと反応して中性の硝酸カルシウムとなって道路表面にとどまり、雨などにより硝酸イオンとカルシウムイオンとして洗い流されると考えられています。

## ●防音壁

　高速道路や幹線道路でよく使われる防音壁ですが、アルミ製やコンクリート製のものとポリカーボネート樹脂のものがあり、前者は基材表面に凹凸をつけたり基材を多孔質にしたりすることで吸音し、後者は透明な材質を用いて景観を保ちつつ、防音します。酸化チタンをコーディングすることで、前者では防音しつつ $NO_x$ も分解しますが、後者はセルフクリーニングが主な効果です。

　光触媒が $NO_x$ を分解できることは事実であり、コーティングによっていくらかの効果はあるのかもしれませんが、そもそも光触媒は大量のものを処理することには不向きであり、日々大量に排出される $NO_x$ を光触媒で除去することは、費用対効果がよいとはいいにくいでしょう。

図 4-3-1　大気中の二酸化窒素濃度の推移 [1]

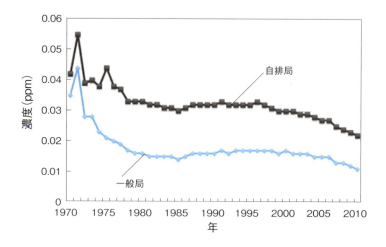

図 4-3-2　$NO_x$ 酸化分解のしくみ

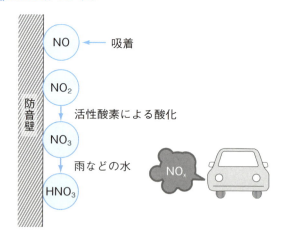

[1] 環境省・2012 年 2 月 24 日報道発表資料

**図4-3-3　光触媒が使われている防音壁**

## ●トンネル照明灯・街灯

　トンネル内に設置されている照明は、自動車からの排気ガスやすす、砂塵などの粉塵によって照明灯のカバーガラスが汚れ、明るさが低減するために、定期的な清掃が必要です。この清掃頻度を低減させるために、光触媒付きトンネル照明灯が開発されました。

　ガラスには一般的にナトリウムが含まれています。ガラス上に酸化チタンを直接コーティングし高温で処理すると、ナトリウムが酸化チタンコーティング内に拡散してしまい、酸化チタンと反応することで光触媒の効力のないチタン酸ナトリウムができてしまうといわれています。

　そこで、ガラス基材上にシリカで中間層を形成したのちに酸化チタンをコーティングすることで、ガラス中のナトリウム成分が酸化チタンコーティング側に拡散することを防ぎ、またコーティングの密着性もあげることができ

ます。中間層は、酸化チタンと基材とが直接接触することを避けるために使われるほか、基材と酸化チタンコーティングとの密着性をあげ、結果、長期間の使用を可能にしてくれます。

また、トンネル灯で主に使われる高圧ナトリウムランプからの透過率ピークにあわせ、酸化チタンコーティングの膜厚も調整する必要がありました。

このように開発されたトンネル照明灯により（図4-3-4）、清掃頻度を30%程度削減できるということです。清掃頻度が減ったことで、清掃のための片側通行止めの費用削減や渋滞緩和、安全性が向上されました。この技術は、街灯や道路灯にも応用されていますが、照明は最近LEDに置き換わりつつあり、これらの照明にも応用するためには、可視光を使える可視光応答型光触媒（6-1節参照）の開発が必要となります。

### 図 4-3-4　トンネルの照明カバーの構造

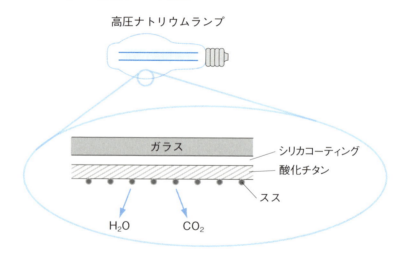

# 4-4 自動車用資材

　主に光触媒のセルフクリーニング効果に着目し、塗装・窓ガラス・ミラーなどの自動車関連資材にも光触媒が使われています。

## ●ボディーコート

　せっかく購入した車をきれいに長く乗りたいとは誰もが思うもので、特に車の見た目にこだわりをもつ人は多いです。実際にカー用品を扱うお店に行ってみると、実にさまざまな種類のボディーコート剤が売られており、手軽に使えるワックスやポリマー系コーティング剤などがその代表例です。これらのコーティング剤は油性のものが多く、これらを車のボディに塗っておくことで雨水などをはじかせ、ボディが汚れるのを防ぎます。

　このような水をはじく**撥水**コーティングは、雨水や洗車時の水滴が車体の上をコロコロ流れ落ちる光景が高級感を抱かせることもあわさり、現在メジャーなボディコート法ですが、この方法では**ウォータースポット**が避けられません。これは、半球状の水滴がレンズのような役目をしてしまい、塗装がまだらに焼ける現象です。また、水に含まれるカルシウムが、水滴が蒸発した後に白く丸く残る**イオンデポジット**や、酸性雨によって塗装が酸化され、水玉模様のように変色する**クレーター**といった現象も起きます。また、表面が水になじみにくいために細かい水滴ができ、結果曇っているようにも見えてしまいます（図4-4-1）。

　一方、超親水性をもつ酸化チタンで車をコーティングすると、水滴は水玉にならず表面に広がった状態で落ちていくので、ウォータースポットも起こりにくいといわれています。また、酸化チタンのセルフクリーニング効果により、水洗いだけできれいになり、汚れもつきにくく、少しの汚れであれば酸化チタンが酸化分解してくれます。つまり、洗車が楽になるということです。さらに、酸化チタンが紫外線を吸収してくれるので、ボディが紫外線によって「焼ける」のを防ぐ効果もあります。

4・光触媒の実用例

83

図 4-4-1　撥水性コーティングと親水性コーティング

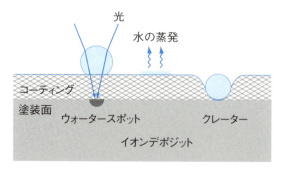

ウォータースポット：水滴がレンズの役割をすることで塗装が焼ける。
イオンデポジット：水滴中のカルシウム成分などが白く残る。
クレーター：酸性雨の水滴が水の蒸発と共に強酸性になり、塗装が腐食する。

(1) 撥水性ボディコート

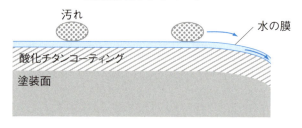

水はボディの傾斜によって流れ落ち、同時に汚れも流れ落ちる。

(2) 超親水性ボディコート

## ●サイドミラー

　超親水性効果を用いて、車のサイドミラーにも応用されています。鏡の表面はそもそも親水性であり、水蒸気が触れると一面小さな水滴で覆われます。前述のとおり、この小さな水滴により光が乱反射するのが曇りの原因ですが、酸化チタンでコーティングしておくと光が当たっているうちに表面が徐々に超親水性になり、表面についた水蒸気が薄い水の膜を作ることで乱反射を抑え、曇らなくなります。

　鏡の下地はガラスでできており、前述のとおり、ガラスと直接酸化チタンが接触すると光触媒効果が低減してしまうため、ミラーへの光触媒のコーティングにも、シリカ系の中間層が用いられています。加えて、ミラーへのコ

ーティングの場合、超親水性を長持ちさせるために、酸化チタンにシリカ粒子を混ぜてコーティングする、もしくはシリカをバインダーとして酸化チタンをコーティングする方法がとられます（図 4-4-2）。シリカは水を強く吸着する性質があるため、酸化チタンによってシリカ表面はきれいな状態が保たれ、そのシリカ表面に水が吸着することで光が当たらなくなっても超親水性が維持され、親水性効果が長持ちすると考えられてはいますが、本当のところはよくわかっていません。とにかく、理由はなんであれ、シリカを添加することで超親水性が長時間持続できるようになることは事実であり、一旦超親水化状態になれば、光が当たらなくても 1 週間は効果を維持できるそうです。

酸化チタンコーティングはミラーのほかにも、自動車の窓ガラスなどにも応用されており、この場合も中間層を用いることになります。しかし、親水性のガラスですと水膜越しに対象物を見ることになるため像がゆがみ、安全性に疑問が残ります。ワイパーを用いない場合よりは見やすくなるとは思いますが、酸化チタンコーティングガラスは風の影響を受けにくいサイドミラーやサイドガラス、リアガラスなどに向いているといえます。

**図 4-4-2　シリカの役割と酸化チタンコートサイドミラー**

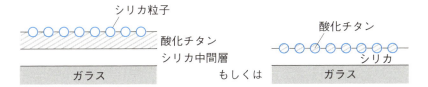

シリカは中間層としてガラス中のナトリウム成分の拡散を防ぎ、また、酸化チタンコーティングにシリカを混ぜる、もしくは、シリカをバインダとして酸化チタンをコーティングすることで、光が当たらなくなった際、超親水性を長持ちさせる効果がある。

# 4-5 浄化装置

　酸化チタンは生き物にとって有害な化学物質や悪臭、細菌など、ほとんどすべての有機物を分解できます。この効果を用いて汚染物質を分解・除去し、環境（空気・水・土壌など）をきれいにすることができ、すでに空気清浄機・水処理用フィルター・ガス分解装置などに応用されています。

## ●空気清浄機

　空気清浄機に酸化チタンの光触媒反応装置を搭載した製品が販売されています。空気清浄機の対象はちりやほこり、PM2.5などの微細粒子、VOC、たばこの煙、たばこやペットの悪臭、花粉、インフルエンザウィルス、細菌など多岐にわたります。通常の空気清浄機ではフィルターを通してこれらをキャッチし、ろ過された空気を再び外に送り出しますが、フィルターが汚れると効果が低減したり、汚れたフィルターに空気が通ることで，より空気が汚染されることも考えられます。一方、光触媒を用いることで、キャッチした物質のうち有機系のものは分解・除去され、なくしてしまうことが可能です。そのため、細菌がフィルター内で繁殖することも起こりにくくなります。

　その構造は、光触媒をコーティングしたフィルターと紫外線ランプから構成されています（図4-5-1）。フィルターはもともと対象物質の捕獲性能を高めるため、多孔質で表面積の大きなものが採用されており、材質や形状に応じて、さまざまな方法を用いて酸化チタンがコーティングされます。密着性をあげるために、シリカやアルミナ系のバインダーを用いたり、熱処理により酸化被膜を形成したり、陽極酸化という手法がとられたりもします。

　光触媒は接触している物質しか分解できないため、活性炭やゼオライトなどの吸着材と組み合わせることで、浮遊している対象物質を効率的に吸着させる工夫もとられています。この複合化により、対象物質は一度吸着材に吸着され、次に酸化チタンで分解・除去されます。この工夫によって、吸着材で対象物質を濃縮できるため、光触媒による分解効率が向上するだけでなく、吸着材も吸着物質を酸化チタンが分解してくれるため性能が長持ちします。

ランプは紫外線をだすブラックライトや水銀ランプ、LED などが搭載されています。光触媒を搭載した空気清浄機の価格は、専用のランプも搭載されているため通常のものに比べて少し高価になりますが、空気清浄機は、フィルターによって浮遊物質を効率的に光触媒まで運び、光触媒に適した光源も搭載できるため、光触媒の性能を最大限に発揮できる優良な応用製品だと思います。光触媒を搭載した空気清浄機は一般家庭のほか、病院や福祉施設、食料加工工場などで活躍しています。

### 図 4-5-1　光触媒搭載空気清浄機のしくみと製品例

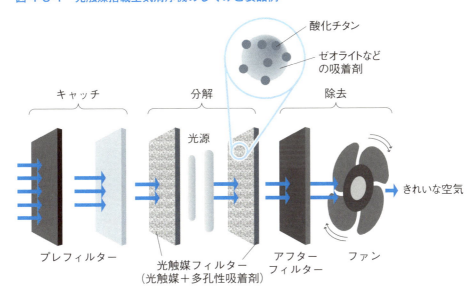

プレフィルター：ほこりやたばこの臭い・煙、花粉など多くの汚れを取り除く。
光触媒フィルター：悪臭、VOC、細菌などを分解除去する。
酸化チタン：VOC などを吸着する力がそれほど強くないので、VOC や悪臭の原因物質などをまず吸着剤でキャッチし、それから酸化チタンで分解する。
光源：近紫外線を多く含むブラックライトなどが用いられる。

## ●水の浄化

　空気の浄化と同様に、水の浄化にも光触媒を応用できます。しかし、気相中での反応に比べ、水中では物質の拡散や対流が遅いために、光触媒への接触効率を上げる必要があり、技術開発は発展途上です。また、光触媒は大量のものを処理することには向かないため、現在水処理に使われている生物処理（活性汚泥法など）や塩素処理などで分解・除去できない難分解性有機化合物など、微量の化学物質の処理に対象を絞ったり、他の浄化技術を併用するなどの工夫が必要となります。

## ●土壌の浄化

　**土壌汚染**とは、工場などで使用された有害物質（鉛やヒ素、六価クロムなどの重金属、トリクロロエタンなどのVOC）が、不適切な処理や事故などによって土壌に浸透し、土壌に蓄積されている状態です。地下水を通じて汚染が広い範囲に広がる場合もあり、さまざまな経路で人間や生物に影響を及ぼす可能性があります。

図4-5-2　土壌汚染

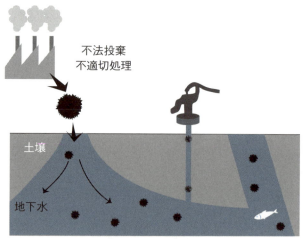

VOCなど水に溶けやすい物質は土壌だけでなく、地下水も汚染する可能性がある。

この土壌汚染の浄化システムに光触媒を利用しようとする動きがあります。光触媒は光が当たらないと効果が発揮できないため、単純に土に光触媒を混ぜても光が当たる上部でしか反応が進行しません。そこで、例えば、酸化チタンと吸着材を混ぜて作った透明なシートを土にかぶせ、土壌中の揮発性VOCを気化させてシートに吸着させたのち、酸化チタンの効力で分解させるという方法があります。もしくは、汚染された地下水をくみ上げたり有機物を水に溶かしたりしたものを、光触媒をコーティングしたガラス管などに流しながら光を当てるといった方法もあります。VOCは最終的には水と二酸化炭素と塩化水素にまで分解されるため、非常にクリーンな方法といえます。

### 図 4-5-3　光触媒を用いた土壌浄化のしくみ

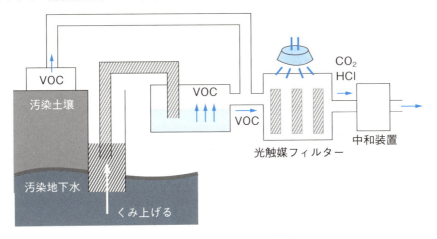

汚染土壌や汚染地下水からVOCを回収し、
空気清浄機と同様にフィルター方式で分解する。

## 生活用品

前述の空気清浄機に加え、それ以外の電化製品や生活用品にも光触媒を用いた製品が増えてきました。

### ●冷蔵庫

冷蔵庫には野菜・肉・魚など、さまざまな食料品が保存されており、そこから発生する臭いが問題になります。また、いったん冷蔵庫内でカビが発生してしまうと、他の食品にも影響がでます。これまでは活性炭のような吸着材を利用し、臭いを吸着させて取り除いていましたが、吸着材に吸着した物質はそのままですので、定期的に新しい吸着材への交換が必要でした。

酸化チタンを搭載した冷蔵庫は、空気清浄機を備えた冷蔵庫のようなもので、酸化チタンの効力で脱臭できます。また、りんごやバナナなど一部の野菜からは、呼吸によってエチレンガスが発生しますが、このガスは、食品の鮮度を著しく劣化させます。酸化チタンは、このエチレンガスや庫内で発生したカビなどを分解することができるので、光触媒搭載冷蔵庫は脱臭に加えて、鮮度保持が実現できます。

このような冷蔵庫は一般家庭だけでなく、配送用の大型トラックや航空機用コンテナにも利用されており、単に新鮮さを保つだけでなく、ある程度熟成させた状態を保ったまま輸送することも行われています。

### ●白色蛍光灯

室内の照明器具は意外にすぐに汚れ、明るさが低下します。その原因は、空気中のちりやほこり、たばこの煙や台所からの油が表面に付着するためです。これらを分解する目的で、光触媒がコーティングされた照明器具（蛍光灯や照明カバー、照明用の傘など）が開発されました。例えば蛍光灯では、ガラス管の外側に酸化チタンをコーティングすることで、白色蛍光灯に含まれる紫外線を使ってこれらの汚れを分解できます（図4-6-2）。

室内で光触媒を用いる場合、いかに酸化チタンが使える光（紫外線）を確

保するかが課題となりますが、照明器具に用いる場合、その点についてあまり心配する必要がないのは利点です。

### 図 4-6-1　光触媒が使われている冷蔵庫

### 図 4-6-2　光触媒コート蛍光灯のしくみ

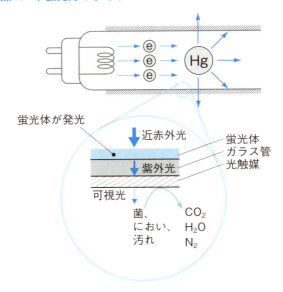

## ●マスク・タオル

消臭や抗菌を目的に、酸化チタンは繊維製品にも応用されています。しかし、繊維は有機物であるため、酸化チタンを直接繊維に固定してしまうと、酸化チタンによって繊維が分解され、ボロボロになってしまいます。また、複数回の洗濯にも耐えなければならないため、密着性も重要になります。

繊維への酸化チタンの固定はいくつかの手法がとられています。4-2節で紹介したような、マスクメロン型の光触媒を繊維に埋め込む方法があります。また、酸化チタンをコアに、シリカなどの無機質をシェルに用いた、コアシェル型酸化チタンも開発されています。

さらに、**チタンアパタイト**という、光触媒としての機能や、悪臭や菌を吸着させる能力がありながらも、繊維はほとんど分解しないという材料も開発されています（図4-6-3）。

このような酸化チタンが練り込まれた繊維は、タオルやエプロン・カーテン・ストッキング・マスクなどに応用されています（図4-6-3、図4-6-4）。

## ●紙（和紙）

内装材の壁紙に酸化チタンが応用されていることは前述のとおりですが、そのほか、和紙や新聞紙、カタログの紙などにも応用されています。障子はもともと外からの光を遮るために用いられます。

酸化チタンを用いた和紙を障子に用いることで、和紙自身の吸着力によって臭いやVOC、細菌などを吸着し、光が当たることでそれらを分解・除去できます。

### 図 4-6-3　チタンアパタイト

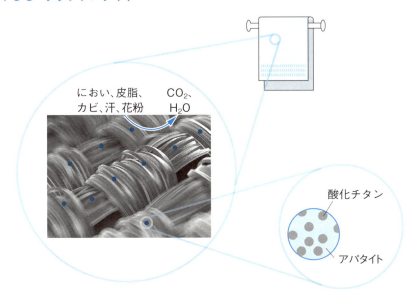

### 図 4-6-4　光触媒が使われているストッキングとマスク

提供：アツギ株式会社

提供：玉川衛材株式会社

# その他：農業、畜産、医療

　そのほか、農薬廃液の処理や養液栽培の廃液処理・畜産の悪臭除去・医療機器への応用研究も進んでいます。

## ●養液栽培の廃液処理

　養液栽培では、土の代わりに培地に野菜などを植え、水や養分からなる培養液を与えて栽培します。従来は培養液をかけ流し式により排出していましたが、近年の環境配慮により、排水を出さない循環式がとられるようになってきました。しかし、同じ培養液で連作を続けていくと、培養液中に発生したバクテリアにより水質が悪化したり、野菜からでる排泄物に含まれる生育阻害物質により収穫量が減少したりしてしまいます。

　光触媒を応用した養液栽培システムでは、培養液を酸化チタンを担持した多孔質セラミック板を敷き詰めた底の浅い槽に移し、光触媒の力でバクテリアや生育阻害物質を分解・除去します（図4-7-1）。一方、植物に必要な窒素・リン・カリウムなどの養分は分解されないため、培養液を有効に再利用できます。

　この方法により栽培した野菜は、無農薬無菌野菜であり、例えばトマトは2割から4割収穫量が増え、また、卵よりも大きな苺が収穫できるようになったということです。

## ●畜産からの悪臭処理

　畜舎や堆肥舎からは、大量の臭気が発生します。臭気の原因は、畜舎からの低級脂肪酸や堆肥舎からの高濃度アンモニアなどですが、いずれも強烈な悪臭です。これまでは、堆肥化・汚水処理・脱臭技術が別々に検討されてきましたが、これらを一括で処理しようという、畜産臭気脱臭システムの開発が進められています。

　畜産の臭気は大量でかつ高濃度のため、まずは微生物で脱臭後、残った残留臭気物質を酸化チタンと吸着材で除去しようとする試みです。また、畜産

### 図 4-7-1　光触媒を用いた養液栽培システム

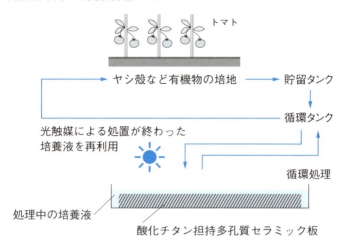

からの汚水処理水の脱色処理や、それらの複合装置の開発も進められており、経済的なシステム開発が期待されています。

## ●医療器具の殺菌

　医療現場においては、あらゆる場所・あらゆるものが清潔であるべきで、厳しい衛生管理が求められます。前述の抗菌タイルや空気清浄機などを用いることで、手術室や床・壁などの抗菌が実現でき、院内感染等を減らすことが可能ですが、なかでも、患者や患部に直接触れる医療器具や医療用具の殺菌は、最も重要です。

　カテーテル感染というものがあります。殺菌が不十分で、カテーテルの表面で繁殖した細菌や、カテーテル挿入の際に入り込んだ細菌が体内に侵入し、感染症を引き起こすものです。体内留置型のカテーテルの場合、途中で殺菌消毒ができず、この感染症を予防することは困難です。

　そこで、カテーテルに光触媒をコーティングし、通常は日光や室内光で殺菌し、患者の体内にあるときは抗菌効果のある銀をあらかじめ酸化チタンにつけておくことで、抗菌効果を発揮・維持できることがわかっています。現在、このカテーテルは研究段階ですが、大腸菌・黄色ぶどう球菌・多剤耐性菌などを用いた抗菌試験において、1時間の紫外線照射で各菌が死滅するこ

とが確認されています。酸化チタンは、化学的に安定で安全性も高いこともあわせて、このような医療器具へのさらなる応用が期待されています。

### 図 4-7-2　光触媒コートカテーテル

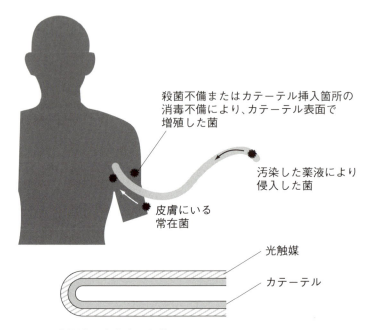

体外にあるとき：太陽光や室内光で殺菌。
体内に留置するとき：抗菌効果の銀で抗菌、光ファイバーなどで光を供給し殺菌。
また、超親水性を利用することでカテーテル挿入時の摩擦係数が小さくなる利点もある。

# 4-8 市場規模と今後の予測

## ●光触媒の市場規模

1972年のNatureへの発表や、1995年の超親水性の発見以降、特に1998年ごろから、光触媒市場は急激に拡大していきました。2003年の三菱総合研究所と日本経済新聞の共同調査によると、光触媒市場は2010年には3200億円を超え[1]、2015年には4200億円を超えるまでに成長するとの予測を出し、また、BCC Researchは[2]、世界の光触媒製品市場は2020年までに29億米ドルへ達するとの予測を出しました。

一方、実際の光触媒市場は、2013年で日本国内だけで900億円ほど、ヨーロッパやアメリカを含めた世界規模でも14億米ドルほどにとどまっています。国内の市場推移（図4-8-1）からもわかるように、光触媒産業はすでに成長期ではなく成熟期へと推移しており、さらなる市場の成長にはなにかしらのブレークスルーが不可欠です。

## ●光触媒の長所・短所

ブレークスルーを起こすためには、光触媒の長所・短所について整理しておく必要があります。光触媒の主な長所は「太陽光などの紫外線を含む光が光触媒に当たったときに、酸化還元反応と超親水性を発揮できること」です。しかし、裏を返せば、紫外線をあまり含まない室内光などではうまく機能が発現せず、また、光が当たらなければなにも起こらないのです。また、有機物分解では空気中の酸素を使っているので、真空中や酸素が少ないところなどでは、効果も発揮できません。また、空気中に浮遊している有機物は分解できませんし、大量の処理にも向いていません。分解したい有機物と分解したくない有機物が混在している場合も、分解する有機物を選択的に分解する

---

[1] 光触媒ビジネスのしくみ、西本俊介、中田一弥、野村知生、藤嶋昭、村上武利、2008、日本能率協会マネジメントセンター

[2] Photocatalysts: Technologies and Global Markets, BCC Research, (2015. Oct)

ことはできません。

このように、光触媒の長所・短所を理解し、目的や解決すべき課題に応じた工夫を施すことが、光触媒製品の開発には重要で、ここまで紹介してきたように、すでに市販されている光触媒製品には、さまざまな工夫や改良が採用されているのです。

## ●さらなる市場拡大にむけて

最も開発が望まれているのは、可視光応答型光触媒でしょう。現在の光触媒の利用先の約半分が外装材であるのは、酸化チタンが紫外光を含む光でしか使えないためです。室内灯に多く用いられている白色蛍光灯に含まれている紫外光はわずかですし、蛍光灯にカバーがついていると、紫外線はほぼ望めません。省エネ・長寿命などの観点から、蛍光灯や白熱灯などから置き換わりつつある LED 照明には、紫外光（特に 380 〜 400 nm の光）は含まれません。車などには、紫外線カットの目的で、窓ガラスに紫外線防止フィルムを貼ることもあります。このように、紫外線がほとんど望めない室内などで光触媒を利用するには、可視光でも使える光触媒の開発が不可欠です。

しかし、可視光応答型光触媒には、

(1) 色がついているため利用できる領域が制限される。
(2) 光触媒によっては酸・アルカリに弱く使用場所・条件に制約が生じる。
(3) 酸化タングステンのように原料価格の急騰の可能性がある。

など、解決すべき課題も多くあります。

一方、可視光応答型光触媒の JIS 制定も進んでいますし、可視光応答型光触媒の開発に成功し、内装材などにも光触媒が使われることにより、市場規模は 2030 年ごろには、年間 2 兆 8000 億円に成長すると NEDO プロジェクトにて見込まれており[3]、今後の活発な研究・開発が期待されます。

---

[3] NEDO 実用化ドキュメント（2014. 2）

### 図 4-8-1　市場規模の推移・主な利用分野 [4]

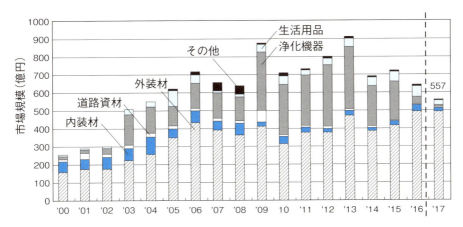

＊2016年までは推定値、2017年以降は光触媒工業会会員企業アンケート集計による売上実数
提供：光触媒工業会

> **❗ 光触媒効果の寿命**
>
> 　科学的には、酸化チタンなどの光触媒は半永久的（無限ではないが、はっきりと寿命を考えることができない）に使用できますが、実用化したときに「光触媒効果が持続する」とは、一概にはいえません。
>
> 　例えば、屋外の使用では、分解できない土ぼこりのような無機物が付着したり、別の建物ができて光を遮ったりすれば性能は落ちますし、光触媒に当たる光の量が少ないと、光触媒としての機能が低くなることもあります。
>
> 　これらの外部要因による性能低下を保証することは難しいといわざるを得ませんが、光触媒の粒子やコーティングそのものが剥がれ落ちるという、内部要因による性能低下がないことの保証は必要です。実際には、この点については製品そのもの、例えば、外壁材や空気清浄機の寿命以上のものが販売されているようです。

4・光触媒の実用例

### 図 4-8-2 光触媒がより普及した社会の未来予想図

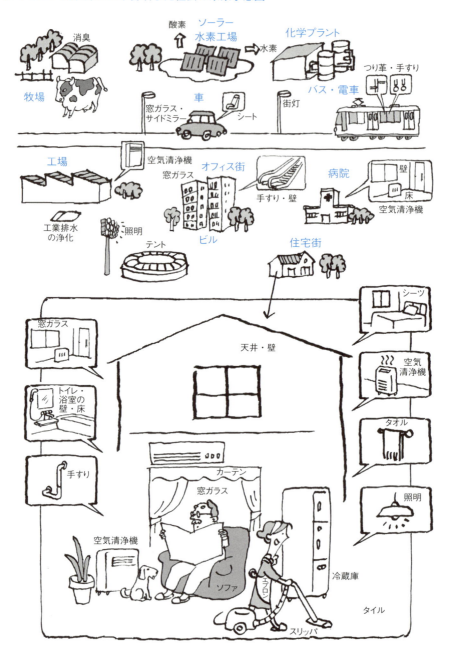

100

# 光触媒を調べる

　光触媒を選んだり使うためには、それがどのような物質なのかを調べる必要があります。本章では、基本的な光触媒の評価法について紹介します。

# 5-1 光触媒の構造とは

　光触媒にはどのような構造特性があり、なにを調べればそれがわかるのでしょうか。不均一系光触媒反応に使われる光触媒は、主に半導体粉末です。まずはその粉末自身について調べる必要があります。そして、光触媒特有の機能、つまり、光触媒活性についても調べる必要があります。粉末を調べる従来の方法には、

(1) X 線を物質に当て、その回折を調べることによって、物質がどのような結晶から構成されているかを調べる X 線回折測定

(2) 低温で物質表面に窒素を吸着させ、その吸着量から物質の表面積などを調べる窒素吸着測定

(3) 粉末を混ぜた溶液に光を当てたときのブラウン運動や、回折・散乱光を調べることによって、粉末の大きさの分布を調べる粒度分布測定

(4) 電子を物質に当て、物質から発生する電子や物質を透過した電子を調べることによって、粉末の拡大像を得る電子顕微鏡観察

(5) 光を物質に当て、ラマン散乱を調べることによって、物質の化学結合の種類や結晶格子のゆがみなどを調べるラマン分光測定

(6) X 線を物質に当て、物質から発生する光電子を調べることによって、物質の価数を調べる X 線光電子分光測定

などがあります。これら光触媒粉末の従来の測定法については、『光触媒標準研究法[1]』に詳しくまとめられていますので、興味のある方は参考にされるとよいと思います。このように粉末の測定方法は実に多種多様ありますが、粉末を「完全に」調べることは困難です。その理由は、粉末には「表面」があるからです。従来の測定法では**バルク**、つまり粉末の「内側」についてしか測定することができませんでした。本章では表面についての新しい測定法についても紹介します。

[1] 光触媒標準研究法、大谷文章、2005、東京図書

# 5-2 光触媒の結晶構造

## ●回折とは

**回折**とは、結晶のような長期的な周期構造をもつ物質に対して、光などの電磁波が侵入する際、特定の侵入角度のときに電磁波の位相がそろい、散乱が大きくなる現象です。このとき、以下の**ブラッグの式**が成立します。

$$2d \sin \theta = n \lambda$$

電磁波が X 線のとき、d は結晶面の間隔、$\theta$ は結晶面と X 線の角度、$\lambda$ は X 線の波長、n は自然数（正の整数）です（図 5-2-1）。

**X 線回折**（X-ray diffraction、XRD）法では、この回折パターンから物質を構成している成分の結晶構造を知ることができます。

## ●粉末 XRD 法でわかること

**粉末 XRD 法**でえられた回折パターンを解析することで、

(1) 結晶構造の決定
(2) 結晶含有量の決定
(3) 非結晶成分の定量（巻末の補足資料参照）

などができます。

最近の XRD 測定装置には、データ解析用のソフトが搭載されていることが多く、そこに ICDD（International Center for Diffraction Data）の PDF（Powder Diffraction File）というデータベースが入っており、そこから近い XRD パターンを検索して結晶構造を決定します。例えば、銅の X 線源を用いた特性 X 線（CuK$_a$）を用いた場合、ルチル型酸化チタンでは $2\theta = 27.4°$ に、アナタース型酸化チタンでは $2\theta = 25.3°$ に最強回折線が観察されます。

また、測定した XRD パターン全体を最小二乗法でフィッティングする**リートベルト法**を用いて、各結晶相の含有量を定量することも可能です。この解析も、ほとんどの場合、データ解析用のソフトに搭載されており、比較的容易に算出できます。

#### 図 5-2-1　ブラッグ反射

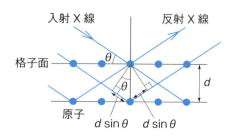

#### 図 5-2-2　アナタース型、ルチル型酸化チタンの XRD パターン

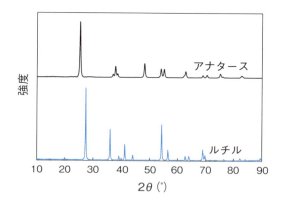

# 5-3 光触媒の大きさ

## ●光触媒の大きさ

光触媒の大きさをいうとき、光触媒の形が球状であると仮定している場合が多く、その直径を**粒径**と呼ぶ場合が多いです。しかし、光触媒の形が球状でない場合、例えば細長い柱状の場合には、その縦横比（**アスペクト比**）を示すことも重要です。

## ●光触媒の粒径

粒径を調べるには、5-5節で紹介する顕微鏡によって粉末の拡大像を得て、一粒一粒の直径を調べるのが最も信頼できるように思えますが、この方法ですべての粒子を調べることは現実的ではありません。

そこで、よく用いられる測定法に、液体窒素温度における物質への窒素吸着量から、**比表面積**を算出する方法があります。ここで窒素は、試料表面上だけでなく、試料表面に吸着した窒素上にも吸着するため（図5-3-1）、実際の吸着量から圧力に対する吸着量の変化を表すBET吸着等温式を用いて、比表面積を算出します。比表面積とは単位重量当たりの表面積ですので、粒子を球状とみなすことで粒径を計算することができます。

酸化チタンの場合、比表面積Sと粒径dにはおおよそ以下の関係が成立します。

$$S\,(m^2 g^{-1}) \times d\,(nm) = 1500$$

ただし、ほとんどの場合、粒径には分布があるため、ここで得られる粒径は平均粒径であることに注意が必要です。

ここで、窒素分子より小さな表面の凹凸や、窒素分子が侵入できないような空間の表面積は測定できませんが、それ以外の凹凸や空間は窒素が吸着できるため、窒素の吸着および吸着している窒素の脱離（脱着）の様子から、物質表面の凹凸構造（細孔）を知ることもできます（図5-3-2）。

5・光触媒を調べる

### 図 5-3-1　窒素の物質表面への物理吸着

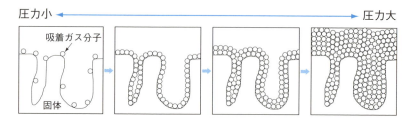

### 図 5-3-2　吸脱着等温線

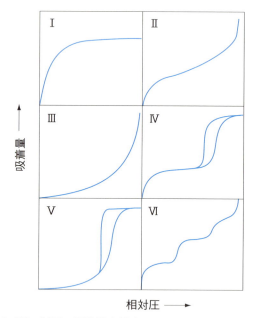

測定結果はそれぞれ、以下の可能性を示す。
Ⅰ型：マイクロポア（2 nm 以下の細孔）
Ⅳ型とⅤ型：メソポア（2〜50 nm の細孔）
Ⅱ型とⅢ型：細孔が存在しないかまたはマクロポア（50 nm 以上の細孔）
Ⅵ型：細孔の無い平滑表面への段階的な多分子層吸着（稀）
Ⅲ型とⅤ型はガス分子と固体表面の相互作用が（ガス分子同士の相互作用と比べて）弱い場合で、比表面積や細孔分布の測定には不向きであるといわれている。
Ⅳ型とⅤ型で見られるような吸着側と脱着側の不一致（ヒステリシス）についてもいくつかのバリエーションがある。
液体窒素温度における窒素ガスの吸着ではほとんどの場合、
Ⅰ型、Ⅱ型、Ⅳ型のいずれかの形になることが多い。

## ●粒径分布

　粒径に分布がある場合、その分布がどのような形をしているかも重要になります。粒径分布測定にはいくつかの方法があります。

　粒子は溶媒中でブラウン運動をしており、その動きは粒径が小さいほど速く、粒径が大きいほど遅いです（図5-3-3）。ここに光を当てると粒子が散乱光を生じ、散乱光同士が干渉しあい、**干渉光**を生じます。この干渉光分布をもとに粒径分布を測るのが**動的光散乱法**です。

　一方、粒子にレーザ光を当てると、その粒子からは前後・上下・左右とさまざまな方向に光が発せられます（回折・散乱光）。この回折散乱光の光強度分布が粒径によって変化する（図5-3-4）ことを用いて粒径分布を測定するのが、**レーザ回折・散乱法**です。

　いずれの方法でも、粉末を溶媒に混ぜた懸濁液を使うことが一般的ですが、この場合、粒子同士が凝集した**2次粒子**になっている場合も多く、測定結果の解釈には注意が必要です。

図 5-3-3　動的光散乱法

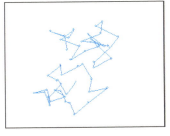
小粒子のブラウン運動

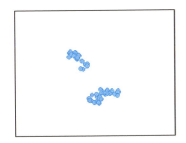
大粒子のブラウン運動

溶液中での粒子のブラウン運動は大きな粒子では遅く小さな粒子になるほど速い。

**図 5-3-4　レーザ回折・散乱法**

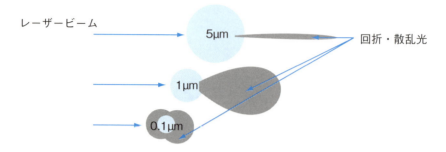

サイズの異なる粒子から生じる光強度分布パターン

---

> **❗ 1次粒子と2次粒子**
>
> 　微粒子やナノ粒子は一般的には1次粒子が凝集した状態で存在しています。1次粒子と2次粒子ははっきりとは定義されていませんが、これ以上識別できない明確な境界を持った固体を1次粒子と呼んでいるように思います。この1次粒子は必ずしも単結晶でなくてもよく、多くの場合いくつかの結晶子が集まって1次粒子を形成しています。この1次粒子が集まったものが2次粒子で、その集合状態により強凝集体（aggregate）と弱凝集体（agglomerate）に大別できます。前者は1次粒子同士が主に結晶面でお互いに接した集合体で、強く結合した構造をもち、分散しにくいといわれています。後者は1次粒子の角や稜など、ほとんど点接触で接した集合体で、隙間が多いために比較的弱く壊れやすい2次粒子です。

# 5-4 光触媒の光吸収

## ●光の吸収と吸光度

光の吸収を測定する際の基本は、透過法です。試料に入射する光の強度を$I_0$、試料を透過した光の強度を$I$とすると、**透過率** $T$（%）は

$$T = I/I_0 \times 100 = t \times 100$$

となります。ここで$t$は入射光に対する透過光の割合（透過度）です。

光吸収と溶液濃度$c$、セルの光路長（分光測定で光が通る距離）$\ell$およびモル級数係数$\varepsilon$には以下の関係があります。

$$-\log_{10}t = A = \varepsilon c \ell$$

この関係式を**ランバート・ベールの法則**と呼び、$A$は**吸光度**で、1の場合透過率は10%、2の場合1%（99%が吸収される）です。つまり、吸光度測定の誤差を小さくするには、透過度が過度に低くならない0.5～1.0の間の吸光度となるよう、溶液を希釈するなり工夫したほうがよいことがわかります。

## ●光の反射と散乱

光触媒などの固体試料の拡散反射を測定する際には、透過測定で入射光と透過光の強度を比較するのと同様に、標準試料と測定試料の比をとります。その比を**クベルカ・ムンク関数**で変換したものを横軸波長でプロットしたとき、散乱係数が一定であると仮定すると、**吸収スペクトル**が得られます。結晶の場合、CBおよびVBのバンド内であれば、どの準位でも電子はとれるので、バンドギャップに相当するエネルギーより大きなエネルギーの光（波長が短い光）が吸収され、広い波長範囲の光を吸収できます。そのため吸収スペクトルは、吸収端より短波長側で吸収される帯状のものになります。

5・光触媒を調べる

### 図 5-4-1 光の吸収と吸光度の関係

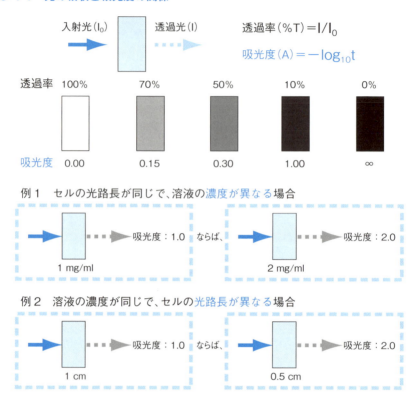

### 図 5-4-2 アナタース型、ルチル型酸化チタンの拡散反射スペクトル

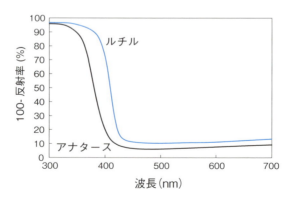

● 光音響分光法

　光音響分光法（Photo Acoustic Spectroscopy、PAS）では、脱励起の際に生じる熱由来の音を検出します。固体、液体あるいは気体状態のいずれにおいても、物質が光を吸収すると、脱励起の際に生じた熱によって物質は膨張します。光を断続的に当てると、熱も断続的に発生し、物質の膨張と収縮が周期的に生じます。この周期的な物質の膨張と収縮が音になりますので、この音をマイクロフォンを用いて検出することによって、光吸収の強弱を検出するのが光音響分光法です。

　波長による光強度の違いやマイクロフォンの感度を補正するため、炭素粉末を標準試料として用います。炭素粉末を用いた際のPAS信号と光触媒粉末を用いた際のPAS信号の比を、波長に対してプロットするとPAスペクトルが得られます。このスペクトルが直線的に変化する箇所をベースラインに外挿すると、バンドギャップ吸収に相当する立ち上がり波長を求めることができます。

図5-4-3　アナタース型、ルチル型酸化チタンのPAスペクトル

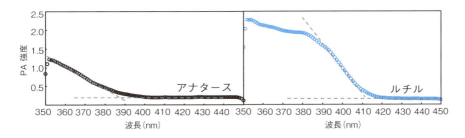

# 5 -5 光触媒の外観

　光触媒粒子がどのような形をしているのか、表面はどのようになっているのか、粒子がどのような集合状態になっているのかを知ることも重要です。

## ●走査型電子顕微鏡

　電子線を試料に照射し、試料表面から出る2次電子をx-y軸に動かしながら測定することで試料の拡大像をえる装置を、**走査型電子顕微鏡**（Scanning Electron Microscope、SEM）と呼びます。試料の凹凸によって2次電子の発生量が異なるため（凸部で多く、凹部で少ない）、3次元的な粒子形状の像が得られます。測定倍率は測定方式によっても異なりますが、数十万倍程度まで観察できます。

　2次電子と共に発生する反射電子や特性X線を検出することで、どのような元素がどのような分布（マッピング）で含まれているのかも知ることができます。この際には、エネルギー分散型X線分析装置（Energy Dispersive X-ray spectrometer、EDX）を組み込んで用いますが、基本的にSEMは表面分析なので、固体の内部の情報は得られません。

　酸化チタンのような電気伝導性の低い材料や絶縁体材料に電子線を当てると、試料表面に負電荷が蓄積（チャージアップ）し、きれいなSEM像が得られません。そこで、真空蒸着やスパッタリングなどを用いて金などを試料表面にコーティングしたり、伝導性のあるペーストやテープ上に試料を固定するなどしてSEM観察用の試料を作製する必要があります。

　一方、低真空SEMでは絶縁体試料でもそのまま観察できたり、水分を含んだ試料もそのまま観察できたりするため、葉っぱなどの生体材料や、乾燥によって構造が変化するような試料でも観察することができます。しかし、低真空下では、存在する気体分子の量が多く電子線が散乱されてしまうため、高い分解能を必要としない場合に利用されます。

### 図 5-5-1　電子線照射により試料からえられる情報

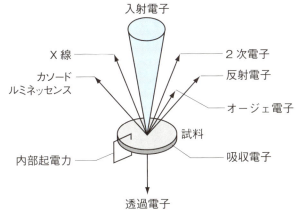

試料から得られる情報

### 図 5-5-2　酸化チタン粉末の SEM 像

八面体形状アナタース型酸化チタン

十面体形状アナタース型酸化チタン

## ●透過型電子顕微鏡

電子線を試料に照射し、試料から出てくる透過電子を結像することで拡大像をえる装置を、**透過型電子顕微鏡**（Transmission Electron Microscope、TEM）と呼びます。また、発生する特性X線を使って、1 nm径程度領域の元素分析をすることも可能です。

TEM観察では、電子線を透過させる必要があるため、試料の準備がとても大事になります。試料が比較的大きな場合は、イオンミリングや収束イオンビームミリングなどによって、100 nm程度以下の薄片に切り出す必要があります。

像の明暗は電子線の透過量によって決まります。透過量が多いほど明るく（白く）、少ないほど暗く（黒い）なります。透過量は試料中の通過距離と物質の種類に依存する吸収・散乱の度合いの積で決まります。吸収の度合いは、原子番号が大きいほど大きいため、より重い原子を含む部分が黒く見えます。例えば、中空粒子をTEMで観察すると、周辺部分だけが黒い「輪」が観察されます。これは、中空粒子の殻の部分を通過する電子は通過する距離が長く、透過する電子量が少なくなるためです（図5-5-3）。

SEM観察もTEM観察も試料のごくごく一部しか観察できないため、観察結果が試料全体で同じとは限らないですし、観察結果が代表値でも平均値でもないことには注意が必要です。

### 図 5-5-3　中空粒子の TEM での見え方と実際の中空粒子

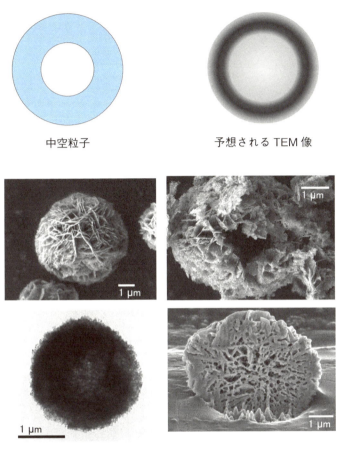

フレークボール形状タングステン酸ビスマスの SEM/TEM 像[1]

　　　　上　：SEM 画像
　　　　左下：TEM 画像
　　　　右下：FIB 加工を施した断面 SEM 像

---

[1] *Catal. Today*, **300** (2018) 99

# 5 -6 光触媒の組成

## ●結晶性

物質は周期的な構造の繰り返しで構成されています。この周期が長いものを**結晶**と呼び、この状態を**結晶性**が高いもしくは長距離秩序があると呼びます。一方、周期が短いものを**アモルファス**と呼び、結晶性が低いもしくは短距離秩序があると呼びます。長距離秩序がある場合にはX線の回折が起こるので、前述のXRD測定により結晶構造等が測定できますが、アモルファスの場合にはラマン分光測定が有効です。

## ●ラマン分光法

物質に光を照射すると、光との相互作用により反射・屈折・吸収などのほかに散乱と呼ばれる現象が生じます（2-2節参照）。散乱光の中には、入射した光と同じ波長の光が散乱される**レイリー散乱**と、分子振動によって入射光とは異なる波長に散乱される**ラマン散乱**があります（図5-6-1）。その光を分光し、得られたラマンスペクトルから分子レベルの構造を解析するのが**ラマン分光法**です。

アナターゼ型酸化チタンでは144、197、399、515、638 cm$^{-1}$に、ルチル型酸化チタンでは230、447、612、826 cm$^{-1}$にピークが観察されると報告されています。これらはチタンと酸素の結合に由来するものなので、XRD測定ではピークが観測されないような粉末でも、ラマン分光法ではピークを観測できる場合があります。

XRD法に比べてラマン分光法が有効となるのは、詳細な結晶構造解析が必要ない場合や、局所的あるいは表面の情報を得たい場合、十分な試料量が用意できない場合などが考えられます。特に顕微鏡と組み合わせた顕微ラマン分光では、数μm角の試料面積でも分析が可能なようです。

### 図 5-6-1　散乱の種類

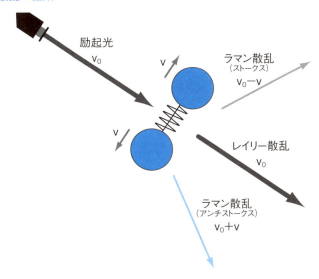

### 図 5-6-2　酸化チタンのラマンスペクトル

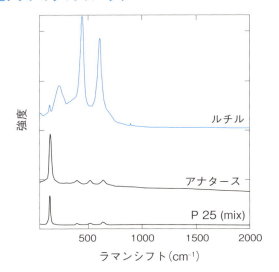

ルチルの 200 cm$^{-1}$ あたりのピークは、極少量含まれるアナタース由来のもの。アナタースとルチルの混合物である P 25 では、アナタースの 197 cm$^{-1}$ のピークが強く検出される。

## ●光電効果とは

　物質に光 hν を当てると、物質内の電子はこのエネルギーを吸収し、原子核から束縛されていた分のエネルギー（結合エネルギー）$E_b$ と**仕事関数** W 分だけエネルギーを失い、伝導帯の真空準位より上の準位に叩き上げられ、固体表面から放出されます（**光電効果**、図 5-6-3）。固体表面から放出された電子を**光電子**と呼び、この光電子がもつ運動エネルギー $E_k$ を調べることで、試料表面から数 nm 以内に存在する元素（周期表でリチウムからウランまで）の情報（組成や原子の価数、状態密度など）が得られます。ちなみに、真空準位ともともと電子がいた場所でのフェルミ準位との差が仕事関数です。これらエネルギーの関係は次のようになります。

$$E_k = h\nu - E_b - W$$

## ● X 線光電子分光法

　**光電子分光法**には光に紫外線を用いた紫外線光電子分光法（Ultraviolet Photoelectron Spectroscopy、UPS）や光に軟 X 線を用いた X 線光電子分光法（X-ray Photoelectron Spectroscopy、XPS もしくは Electron Spectroscopy for Chemical Analysis、ESCA）などがあります。UPS では価電子帯や浅い内殻準位の電子状態を、XPS では固体内の原子核付近で深い内殻準位に束縛されている電子状態まで知ることができます。

　通常はまず、ワイドレンジ測定を行い、各ピークをそれぞれの元素に帰属し（元素の存在割合も算出できる）（図 5-6-4）、次に、測定したい元素の光電子ピーク前後をナローレンジで精密に測定することが多いです。各元素のピーク位置は、その酸化状態（**価数**）によって位置がシフトし、複数の状態が共存している場合、ピークはそれぞれの状態の重ね合わせになります。

　光触媒の分野では、助触媒の状態分析に XPS 測定を使うことが多いように思いますが、光触媒反応時に、溶液中で光が当たっている状態と、一度乾燥させて XPS 測定装置（真空装置）にいれた状態とが、同じであるとは限らないことも忘れてはいけません。

また、光電子分光法は表面数 nm 以内の深さまでしか分析できないため、装置内でアルゴンプラズマなどであらかじめ表面を削り、測定することもできます。しかし、どれだけ削られたかがわからないことと、削られ方が一様でない（通常、プラズマが当たっている場所の真ん中の位置が削られる速度が最も速い）こと、またプラズマ処理によって科学的な変化を受ける可能性があることも覚えておいたほうがよいでしょう。

### 図 5-6-3　光電子の放出（光電効果）

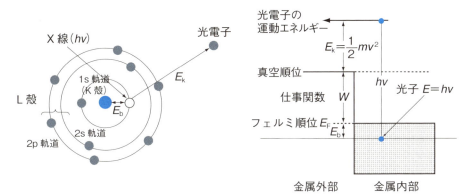

### 図 5-6-4　アナタース型酸化チタンの XPS スペクトル

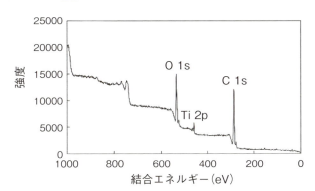

# 5-7 光触媒への添加物の評価

光触媒活性を向上させるために、**助触媒**と呼ばれる金属あるいは金属酸化物を、光触媒表面に付着（**担持**）させたり、添加物を担持させたりすることがあります。この添加物の評価も大事です。

## ● SEM・TEM 観察など

担持させたもの、添加したものがきちんと光触媒表面に担持されているか、どのくらいの大きさや形状なのか、どのような状態（価数）なのか、などを調べるために、これまで紹介した XRD、SEM、TEM および XPS などが使われます（図5-7-1）。

例えば、光析出法により酸化チタン上に還元析出させたビスマス担持酸化チタンを SEM および EDS により分析すると、ビスマスが酸化チタン粒子の表面に一様に存在していることがわかります。さらに XPS による分析では、ビスマス担持酸化チタンの表面ではわずかに金属ビスマスが確認できますが、大部分は酸化ビスマスであることがわかります。また、表面にアルゴンエッチングを行うと、エッチング時間が増加するにつれてビスマスの3価に帰属されるピークが減少し、0価に帰属されるピークが増加しました。このことから担持ビスマスは、バルクが金属ビスマスで表面が酸化ビスマスのコアシェル構造であることが推測できます。

他にも、担持金属が SEM の分解能以下の小さな粒子の場合、TEM 観察を行います。TEM では前述のとおり、電子線の透過量によって像の明暗が変化するため、例えば、酸化チタンに白金を担持した粉末を TEM 観察すると、白っぽい酸化チタン上に黒っぽい白金の粒が観察されます。

### 図 5-7-1 担持金属の評価

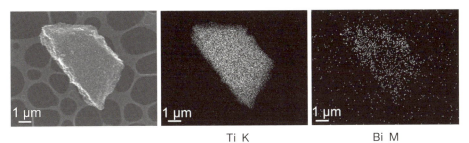

ビスマス担持酸化チタンの STEM 像および EDS 元素分析

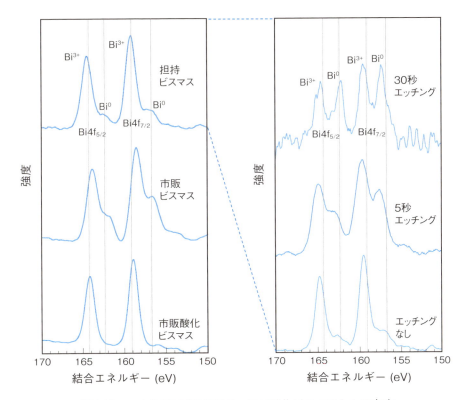

担持ビスマスの XPS（担持ビスマスは酸化ビスマスとして存在。アルゴンエッチングを行うとビスマス金属が出現する。）

●担持金属の表面積測定

　一酸化炭素や水素は、多くの金属に不可逆的に吸着します。**パルス吸着法**では、この原理を利用して金属の表面積を調べることができます。試料に一定量のガスをパルス状に繰り返し導入すると、導入初期では金属原子上にガス分子が化学吸着するため、排出量は導入量に対し減少します。吸着が完了し定常状態になると、導入量のほとんどが排出されます（図5-7-2）。導入量と排出量の差分合計を吸着量として求め、担持金属の形（例えば半球状など）を仮定し、光触媒と助触媒の密度を用いて、担持金属の表面積・粒径・分散度を算出します。

　測定前に、試料表面に吸着した水などの不純物を取り除く目的で、不活性ガス中で加熱処理することが多いです。

図 5-7-2　パルス吸着法の原理

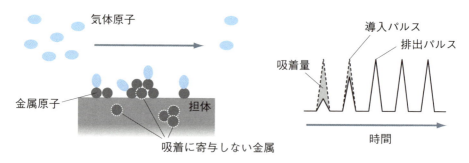

# 5-8 金属酸化物粉末の同定

## ●有機化合物の同定

　分子や金属錯体などの有機化合物の場合、「その材料が何であるか」つまり同定する手法は既に確立されています。例えば、新しい材料を合成し、論文で発表する場合、The Journal of Organic Chemistry という学術誌では

(1) 組成や純度について 0.3%の誤差範囲内の元素分析を示す
(2) 構造について NMR（核磁気共鳴、Nuclear Magnetic Resonance）結果を示す

ことが最低求められています。つまり**同定**とは、「その構造を反映した名前をつけること」です。

## ●無機化合物の同定

　一方、化学物質の IUPAC 命名法においても[1]、構造に基づく無機化合物固体の命名は困難であるとされています。つまり、分子や金属錯体と同じように、「固体の無機化合物を同定することは不可能」ということです。本章の最初でも少し述べましたが、無機化合物の固体には「表面」が存在しますが、従来の測定方法には、この表面の構造を「マクロに」測定する手法がありませんでした。

　これまでの数多くの研究では、XRD 測定による結晶相、粒径測定による1次粒子径・2次粒子径やその分布、窒素吸着法による比表面積などの結果を示すことによって、用いた光触媒粉末がなにであるかを「同定」しようとしてきました。しかし、それらはほとんどすべて光触媒の内側、つまりバルクの性質やバルクの大きさについて述べているだけでした。SEM や TEM

5・光触媒を調べる

---

[1] Nomenclature of Inorganic Chemistry: IUPAC Recommendations 2005, *The Royal Society of Chemistry*

123

観察では表面構造を観察できますが、観察しているのはほんの一部の粉末の、ほんの一部分だけです。これらの意味で、試料全体を巨視的に測定する方法はありませんでした。

## ●電子トラップ

**電子トラップ**とは字のごとく「電子を捕捉する場所」で、ほとんどすべての金属酸化物に存在すると考えられています。電子トラップの起源やその構造は正確にはまだわかっていませんが、例えば、酸化チタンの場合、酸素が抜けたサイトに電子が捕捉されたもの（酸素欠陥）や近接する $Ti^{4+}$ に電子が捕捉された低原子価カチオン（$Ti^{3+}$）であると考えられています（図 2-5-1 参照）。

半導体のドナー準位と同じ概念ですが、半導体でいう電子トラップ・正孔トラップとは少し異なる場合があります。ここでいう電子トラップは、CBB 近くのエネルギーに多く存在し、CBB から比較的浅いトラップ（shallow trap）に電子が捕捉された場合、室温程度の温度で電子は熱エネルギーを得て CB へ励起され（半導体でいうドナー準位と同じ）、光触媒反応に寄与しますが、CBB から比較的深いトラップ（deep trap）に電子が捕捉された場合、室温では熱励起できないため、反応には寄与できず再結合を待つだけとなります（半導体でいう電子トラップと同じ）。

## ●電子トラップ密度のエネルギー分布測定

電子トラップは吸光係数が小さいため、通常の断続光照射では検出できません。そこで、波長を走査した連続光と波長を固定（可視光、625 nm）した断続光を同時に試料に照射することで、前者の光によってエネルギーの小さな電子トラップから順に、VB の電子を電子トラップへ励起させ、後者の光で電子トラップから CB へ励起させることで電子トラップ密度のエネルギー分布（Energy-Resolved Distribution of Electron Traps、ERDT）を測定する、**逆二重励起光音響分光法**（Reversed Double-Beam Photoacoustic Spectroscopy、RDB-PAS）という方法があります。測定セルにメタノール蒸気を導入することで、正孔が酸化反応によりすぐに消費されるため、励起電子は再結合できずに電子トラップに蓄積し、断続光によって CB に励起さ

れます。

#### 図 5-8-1　RDB-PAS の原理

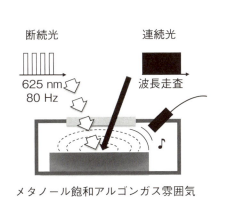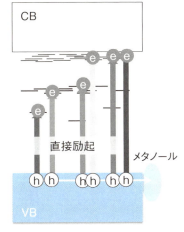

深い電子トラップから順に電子を埋めていく。
正孔はメタノールによって消費される。

　代表的な酸化チタン粉末の測定結果を図 5-8-2 に示します。点線は PAS から求めた CBB 位置を示しており、いずれの試料でも CBB 付近に電子トラップが存在しておりますが、すべての試料で CBB より高エネルギー側にも電子トラップが分布しています。これは、VBT にある電子は微量と考えられ、実際には VBT からではなくそれよりもアノード側にある高い状態密度位置から励起が生じているため、VBT とのエネルギー差分高エネルギー側に見積もられることが要因の 1 つとして考えられます。また、電子トラップはほとんど表面に存在すると考えられるため、バルク構造の理論から外れることも十分にありえます。

　得られた ERDT と電子トラップ密度の合計、PAS 測定による CBB 位置の情報（ERDT/CBB パターン）はそれぞれ、表面構造、粒子の大きさ、結晶構造を反映しており、また、酸化チタン粉末だけでなく、酸化タングステンや酸化セリウムなどの金属酸化物粉末、バンドギャップが約 5 eV の酸化ジルコニウム粉末についても測定できることがわかっており、RDB-PAS を測定することで金属酸化物の同定ができることになります。また、XRD で

は測定できない酸化ニオブなどのアモルファス材料も測定することができています。

この測定装置は現在まだ市販化されていないため、北海道大学触媒科学研究所内に設置されている「電子トラップ研究コンソーシアム」を利用することで、測定することができます。

**図 5-8-2　酸化チタンの ERDT/CBB パターン**

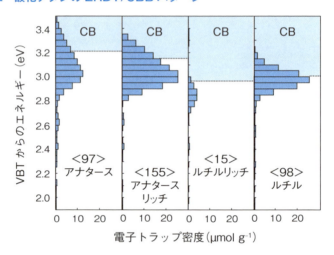

＜　＞内の数字は電子トラップ密度の合計。
CBBはPAスペクトルから求めたバンドギャップをもとに点線で標記。

# 5-9 光触媒活性評価の基本

　光触媒そのものを評価した後は、光触媒活性を評価する必要があります。光触媒活性を知るにはなにを測るのがよいのでしょうか。

## ●反応速度

　そもそも光触媒活性はきちんと定義されていません。ほとんどの場合、**反応速度**、あるいは、有機物分解の場合には、基質の濃度変化から求めた**反応速度定数**を光触媒活性として議論しています。反応速度が光触媒によってきまるのは間違いないので、反応速度を活性の1つの指標として評価することは問題ないのですが、どうやって速度を測るのかは重要です。

## ●速度論解析の基本

　化学反応を解析する際、時間という因子を考慮するときに**速度論**の知識が必要になります。速度論解析は濃度変化—時間曲線の解析方法として古くから用いられている方法で、**反応次数**や反応速度を支配する因子、**反応機構**などを理解することで、その反応を制御したり目的生成物の生成速度や収率を上げたりすることができます。例えば、

$$aA + bB \rightarrow cC + dD$$

という反応の反応速度は

$$v = d[A]/dt = -k[A]^{\alpha}[B]^{\beta}$$

と表せ、kを速度定数、$\alpha$と$\beta$を（反応）次数と呼びます。次数が0、1、2…の反応を零次反応、一次反応、二次反応…と呼び、それぞれの反応で反応速度を導出できますが、一般的に逐次反応や逆反応などを考慮しなければならず、非常に複雑な微分方程式となってしまいます。このような場合、反応

127

**図 5-9-1　A → P の反応が各次数のときの反応速度式および経時変化**

| | 零次反応 | 一次反応 | 二次反応 |
|---|---|---|---|
| 速度式<br><br>$r = -\dfrac{d[A]}{dt}$ | $k$ | $k[A]_t$ | $k[A]_t^2$ |
| | $t=0$ のとき $[A]=[A]_0$、$t=t$ のとき $[A]=[A]_t$ とすると | | |
| | $[A]_t = [A]_0 - kt$ | $[A]_t = [A]_0 \exp(-kt)$ | $\dfrac{1}{[A]_t} = \dfrac{1}{[A]_0} + kt$ |
| 時間と濃度<br>の関係 | 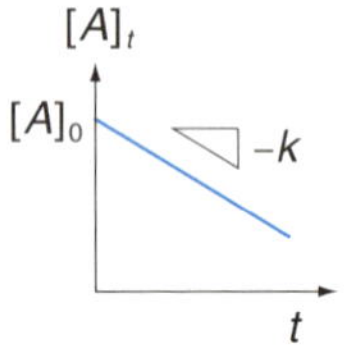 | 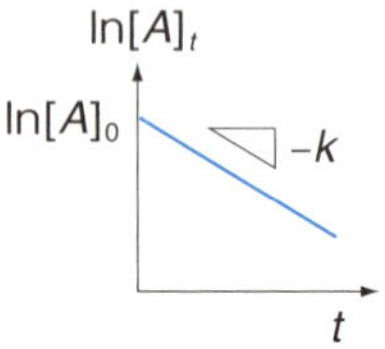 | 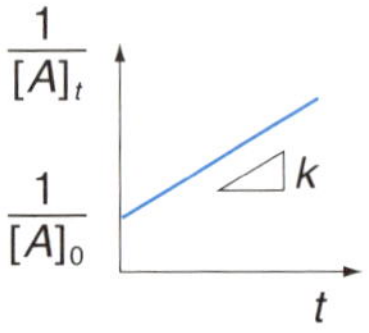 |

速度を厳密に求めるのではなく、**定常状態近似**などを用いて議論することになります。

## ● Langmuir 吸着と一次反応速度式

　最近、光触媒反応の速度と溶液中の基質濃度の両逆数プロットが直線になることを示すことによって、光触媒の反応機構が「ラングミュアーヒンシェルウッド（Langmuir-Hinshelwood、L-H）機構」であるとする論文が数多く報告されています。L-H 機構は以下の式を仮定しており、

$$r = kKC / (1 + KC) \quad 式(1)$$

ここで r は反応速度、k は反応速度定数、K はラングミュア型吸着の吸着平衡定数、C は基質の溶液中の濃度です。この L-H 機構は、反応基質の（初期）濃度を変えたときの反応速度の違いを議論するために使われてきました。

　一方、基質（あるいは生成物）の濃度などの対数と反応時間との関係を示すことで、光触媒反応が一次反応速度式に従うとされてきました。

しかし、基質濃度が非常に低い場合に、吸着量が溶液の濃度に比例するヘンリー型吸着に近似できる場合を除き、基質濃度依存性がL-H機構に従い、かつ、経時変化が一次反応速度式に従うことは起こりえません。いずれにしても、光触媒の反応速度が活性化エネルギーに依存しないことを考えれば、光触媒反応における一次反応速度式の議論は説得力に欠けるといわざるをえません。

## ●ブランクテスト

　光触媒反応であることの証拠として、**ブランクテスト**が行われてきました。光触媒反応ははっきり定義されていませんが、「反応前後において変化しない光触媒が光を吸収して誘起される反応」と一般的に理解されています。

　これに基づいて考えれば、2つの実験結果を示さなければなりません。1つは光触媒だけが光を吸収して反応が誘起されること、もう1つは光触媒が反応前後で変化しないことです。後者を示すためには、消費された基質（もしくは生成物）と用いた光触媒とのモル比である**ターンオーバー数**という概念が広く用いられ、これが1を超えなければなりません。

　一方、前者については、ブランクテストが使われることがあります。すなわち、光触媒反応の必須条件である「光触媒・光・反応基質の3つすべてが揃って初めて反応が進行する」ことを示します。メチレンブルーのような色素増感反応のように光触媒反応ではない反応でも、ブランクテストによって光触媒反応であると判定されることがあります[1]。

　「光触媒反応は光触媒・光・反応基質の3つすべてが揃ったときに反応が進行する」という真の命題に対し、このブランクテストは「光触媒・光・反応基質の3つすべてが揃ったときに起こるから光触媒反応である」という「逆」の関係にあります。対偶の関係にある「光触媒・光・反応基質のいずれかが欠けても起こる反応は光触媒反応ではない」ということはいえますが、ブランクテストの「逆」の命題は真であるかどうかは決められません。つまり、論理的にはブランクテストだけでは、観察している反応が光触媒反応であるかどうかは決定できないのです[2]。

---

[1] *Chem. Phys. Lett.*, **429** (2006) 606
[2] *Catalysts*, **6** (12) (2016) 192

## ●標準試料

　光触媒反応には光の照射が必須です。この光源の選定、例えば研究段階でよく用いられる水銀灯やキセノンランプ、LED なのか、はたまた太陽光なのか、も重要です。ランプの場合は、日によって照射光強度のばらつきがそれほど大きくありませんが、太陽光を使う場合、夏と冬、晴れの日と雨の日では、光量にばらつきがあります。また、光触媒表面の吸着水も、活性になんらかの影響を及ぼすことがわかっていますが、一般的に光触媒は空気中の薬品庫などに保管されることが多いため、例えば、空気中の湿度によっても光触媒活性に差が出ます。

　反応速度を活性の指標として比べる場合、このような実験条件や実験環境の差を考慮する必要があります。具体的には、ある活性試験をする際、毎回決まった光触媒を一緒に試験し、その光触媒の反応速度との相対値として活性を評価する方法があります。事実上（デファクト）、標準試料としてよく用いられるのは、日本エアロジルの AEROXIDE TiO2 P 25（P 25）や昭和電工の FP-6 などです。

## ●なにが光触媒活性を決めるのか

　光触媒研究の究極のテーマに「光触媒活性はなにによって決まるのか」、つまり光触媒活性を決定する因子の解明があります。結論を先にいってしまうと、まだ不明な点が多く、詳しくはわかっておりません。

　前述のとおり（2-5 節参照）、光子利用効率は光吸収効率と量子効率の積で表すことができます。光吸収効率は光吸収特性、つまり吸収スペクトル（5-4 節参照）からわかり、このスペクトルの形状は光触媒材料に固有のものです。量子効率は生成した励起電子―正孔のうち反応に使われた比率ですから、励起電子―正孔による反応速度と再結合速度によって決まります。

　まず、励起電子―正孔による反応ですが、これは非常に多くの因子を含んでいます。例えば、光触媒に吸着する反応基質の吸着量が関係します。この吸着量は光触媒の表面構造や表面積に依存し、反応基質の供給量や濃度によっても変化します。再結合速度ですが、結晶欠陥などの再結合中心の量が支配すると考えられていますが、まだ不明な点が多いです。

従来の光触媒の評価法を用いて、表面積・粒径・結晶性などの物性と活性の相関を考察し、「これがこうなったから活性が向上した」という考察が、実に多くの場面で行われてきましたが、上述のように、それぞれの物性がお互いに複雑に絡み合っており、1つの物性が変わると他の物性もつられて変わることが多いため、光触媒活性の決定因子の解明は困難です。

　また、アナタース型とルチル型酸化チタンで、アナタース型酸化チタンのほうが活性が高いと長年いわれてきましたが、結晶型以外の特性がまったく同じ試料で比較して初めて、どちらの結晶型がよいか判断できます。結晶型が変わると他の物性も同時に変わってしまうため、このような判断も難しいのが実情です（6-2節参照）。

**図 5-9-2　光触媒反応の命題、逆、裏、対偶**

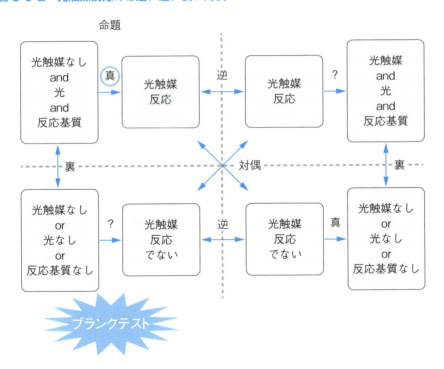

# 5-10 反応を追う

なにはともあれ、光触媒反応の反応速度をどのように測定するかについて紹介します。すなわち、単位時間当たりに、なにが（定性）どれくらい（定量）増えたか・減ったかを測ります。

## ●出発物・生成物の定量

光触媒反応では、出発物および光触媒反応によって生成した生成物もしくはその両方を、反応時間と共に定量・定性分析し、その時間変化が直線的に変化する領域での傾きから、反応速度を評価します（図5-10-1）。

反応容器中では、出発物も生成物も混在していることが多く、これらをきれいに分離・単離して調べる必要があります。そこで用いるのが**クロマトグラフィー**という手法で、固定相と移動相の間で物質を分離することができます。気相を分離する手法を**ガスクロマトグラフィー**（Gas Chromatography、GC）、液相を分離する手法を**液体クロマトグラフィー**（Liquid Chromatography、LC）と呼びます。

測定原理はどちらも似ており、GC ではキャリアガス、LC では移動相にのせて、測定したいガス試料もしくは液体試料を測定装置内に流します。最終的に検出器まで送られるのですが、途中、**カラム**によって物質ごとに分離されます。カラムの種類によって、吸着する物質や物質が吸着する強さが異なるため、同時にカラムに入ったさまざまな物質が、物質ごとに時間差で分離されて、カラムから出てきます（図5-10-2）。これを検出器で測定し、定性および定量分析を行います。

現在、さまざまなカラムが販売されておりますので、目的に応じたカラムや検出器・クロマトグラフなどを選ぶことで、ほとんどすべての物質を定性・定量分析できます。

そのほか、LC では、カラムに応じた適切な移動相を選ぶ必要があることと、微粒子などのごみや溶存気体に注意が必要です。ごみはカラムを詰まらせたり寿命を短くしたりします。懸濁液で光触媒反応を行う際には、LC に試料

132

図 5-10-1　経時変化の例

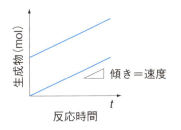
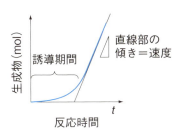

を入れる前に、十分に光触媒粒子を取り除くことが重要です。溶存気体があると、気泡が発生して、それが原因でカラムを痛めたり、検出器の流路に気泡が留まり、ノイズを発生したりしてしまいます。

## ●生成物の定性

GC、LC では、基本的に物質によって検出される時間（**保持時間**、retention time）が決まっているため、あらかじめ標準試料などを準備して、なにがどの時間に検出されるかを知っておけば問題ありません。

生成物が未知の場合などに、検出器に質量分析計を取り付けた、**ガスクロマトグラフィー質量分析法**（Gas Chromatography-Mass Spectrometry、GC-MS）を用いる場合があります。未知試料を測定する場合には、解析ソフトに搭載されたデータベースから、保持時間と**マススペクトル**によって、化合物を特定できます（図 5-10-2）。

また、未知試料の特定だけでなく、マススペクトルによって同位体比も知ることができるため、例えば、水分解反応における生成酸素の起源を知るために、$^{18}O$ でラベリングした $H_2{}^{18}O$ 水を用いて活性試験を行い、生成された酸素のマススペクトルから $^{18}O$ の存在比を確認する、といった手法にも使われます。

## ●全有機炭素量の測定

**全有機炭素量**（Total Organic Carbon、TOC）とは、試料および水溶液中に含まれる炭素のうち、無機物でないものの総量です。通常、二酸化炭素、一酸化炭素、炭酸イオンを含むものは無機物に分類されるため、それ以外の

炭素を含む化合物および固体の炭素が、測定の対象です。TOC測定は、水質管理をはじめ、さまざまな分野で活用されていますが、例えば、有機物汚染された排水を光触媒で処理する場合や、有機物の酸化分解反応で反応の中間体が不明な場合、TOCを測ることは重要です。

　測定は、まず試料中の二酸化炭素量を測定したのち、なんらかの方法で試料溶液中の有機化合物を酸化分解して二酸化炭素に変換し、処理前後の二酸

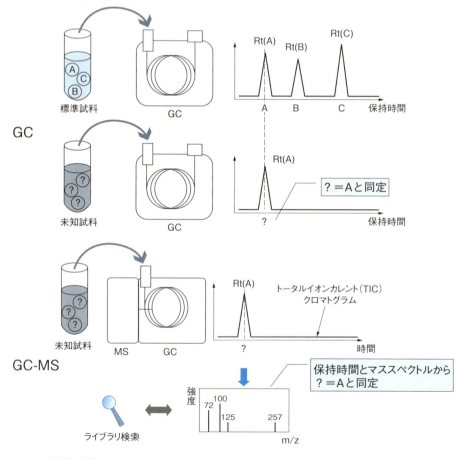

図 5-10-2　GCとGC-MS

GC：保持時間 Rt(X) のみで同定。
GC-MS：保持時間とマススペクトルから同定。検量線とピーク面積やピーク高さから定量。

化炭素変化よりTOCを求めます。

　光触媒が有機物を酸化し二酸化炭素に分解できる機能を応用して、光触媒を搭載したTOC測定装置も市販されています。

### 図 5-10-3　固体試料のTOC（TC-IC法）

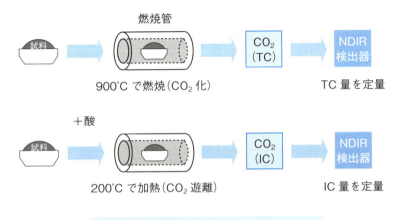

(1) TCの測定：試料を燃焼管（900℃）に注入。燃焼あるいは分解により発生した二酸化炭素（$CO_2$）を非分散型赤外線式ガス分析部（NDIR）で検出。
(2) ICの測定：試料を酸性（pH 3以下）にし、200℃で加熱を行うことで炭酸塩などから$CO_2$を遊離させNDIRで検出。

# 5-11 作用スペクトル / 光強度依存性

## ●作用スペクトル

**作用スペクトル**とは、一定あるいは狭い波長範囲の光である単色光を照射したときのみかけの量子効率を、照射光波長に対してプロットしたものです。作用スペクトルが、5-4節で測定した光触媒の吸収スペクトルと一致すれば、光触媒が光を吸収し、そのエネルギーが光触媒反応に使われたことが推測できます。ただし、複数の**カットオフフィルター**（特定の波長より短い波長の光を除去）を使って照射した場合には、単色光を使った場合とは異なるものになります。また、波長によって光源強度が異なることが多いので、次に説明するような光強度依存性についても注意が必要です。

作用スペクトル解析は、なにが光を吸収して反応が誘起されるかを判断できる唯一の方法です。例えば、アナタース型酸化チタンとルチル型酸化チタンの吸収スペクトルは、30 nmほどシフトしています。その違いを利用して、作用スペクトルから得られた活性が、どちらの結晶相に由来するかを知ることができます（図5-11-1）。メタノールの脱水素反応では、用いた酸化チタンの拡散反射スペクトルとほぼ同じ作用スペクトルに、銀塩水溶液からの酸素生成反応では、ほんの少しでもルチルが含まれていれば、ルチル単独の作用スペクトルと同じに、酢酸の酸化分解反応では、逆に、ほんの少しでもアナタースが含まれていれば、アナタース単独のものと同じになります。つまり、それぞれの反応について、アナタースとルチルの両方、ルチルのみ、アナタースのみが活性な結晶相であることがわかっています[1]。

活性な結晶相が反応系に依存する理由はさまざま考えられますが、酸素が関与する反応では伝導帯位置の違いから、酸素の1電子還元が可能なアナタースのほうが活性が高いと考えられます。その他、結晶欠陥の量や、**多電子移動反応**が起こる場合には粒径の違い（6-3節参照）も重要になると考えられます。

[1] *Phys. Chem. Chem. Phys.*, **4** (2002) 5910

**図 5-11-1　各反応系の作用スペクトル**

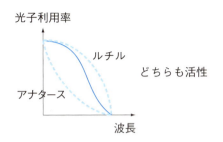

(1) $H_2$ 発生系
$CH_3OH \rightarrow HCHO + H_2$

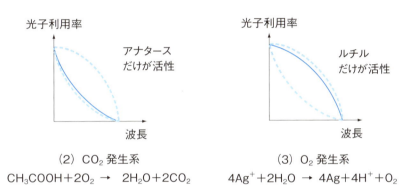

(2) $CO_2$ 発生系
$CH_3COOH + 2O_2 \rightarrow 2H_2O + 2CO_2$

(3) $O_2$ 発生系
$4Ag^+ + 2H_2O \rightarrow 4Ag + 4H^+ + O_2$

## ●光強度依存性解析

　これまで、反応速度の光強度依存性も議論されてきましたが、反応条件を最適化するという工学的な観点から行われることが多く、そのほとんどが酸素存在下における有機物の酸化分解反応についてで、光強度依存性の次数はすべて 0.5 です。これは、前述のとおり（3-1 節・図 3-1-4 参照）、ラジカル誘起酸化反応系における、比較的長寿命のペルオキシラジカル（$RO_2$・）を連鎖担体とする連鎖反応を考えており、酸化チタンが光を吸収して生じるなんらかのラジカル（X・）によって開始し、ペルオキシラジカル同士のカップリングによって停止します。図 3-1-4 の 2 種のラジカル（X・と $RO_2$・）に対して定常状態近似を適用すると、酸素の消費速度は、酸素と基質の濃度（$[O_2]$、$[RH]$）と定数 k、光強度 I を使って、次のように近似できます。

$$-d[O_2]/dt = k[RH][O_2]I^{0.5}$$

　ラジカル連鎖反応では、二次反応であるラジカルカップリングによって連鎖反応が停止します。光強度に比例してラジカル濃度が高くなると、停止反応が成長反応を上回り加速されて、初期ラジカルあたりのヒドロペルオキシド生成量が減少する（「連鎖長」が短くなる）ため、結果的に光強度依存性の次数が 0.5 次になると説明できます。

　このように、光強度依存性次数の解析により、反応機構の解析が可能となります。

---

### 💬 光強度の測定

　作用スペクトルを求める際にも光強度依存性を調べる際にも、照射光の光強度を測定する必要があります。紫外光の光強度を測定するには、紫外線強度計や（レーザー）パワーメーターを用いるのが便利です。可視光領域を測定するとなると照度計となってしまいますが、ものによっては測定波長を設定でき、紫外光から可視光までを測定できるパワーメーターも市販されていますので、そちらを使うのがよいかと思います。

　一方、均一系光触媒反応での入射光量は化学光量計がよく用いられます。これは、組成のきまった反応溶液に光を照射し、生成物を測定することで反応の量子収率の実測値を使い、入射光量を算出する方法です。

# 5-12 中間体の検出

　反応機構解析の中で速度論的解析と同じくらい重要なのが、中間体・反応基質の特定です。中間体を調べることで、反応の途中経路を知ることができ、高活性の光触媒を設計・開発する際の指針にすることができます。しかし、中間体は不安定で寿命が短い（反応性が高い）ために濃度も低く、同定や定量はとても難しく、また、観測できるものは反応に関係のないものである可能性もあります。そのため、単なる短寿命中間体の検出ではなく、速度論にもとづく解析が重要となります。

## ●種々の分光法による測定

　測定は光触媒反応中に行うしかないため、ほとんどの場合、試料の採取や、別の化学物質の添加が不要な分光学的手法をとることになります。

　例えば、紫外光のレーザを用いた拡散反射光を測定することで、励起後の電子や正孔の移動、欠陥準位などへの捕捉、再結合の様子が観測できます。この測定によって、励起電子—正孔は光照射後 1 ピコ秒以下で、伝導帯下端・価電子帯上端に緩和することがわかりました。また、励起後、再結合までの時間は、約 100 ピコ秒から 1 ナノ秒程度であることもわかっています。

　また、赤外分光法を用いて光触媒表面に吸着した化学種の時間変化を測定したり、電子スピン共鳴法（Electron Spin Resonance、ESR）を用いて、光触媒表面の種々のラジカル［酸素ラジカル（$O^-$、$O_2 \cdot {}^-$、$\cdot OH$）や反応中間体］を検出したりできます。

# 5-13 超親水化の評価

## ●水滴接触角測定

材料表面の親水性・疎水性（**ぬれ性**）は表面自由エネルギーによって左右され、前述したような、原子・分子レベルの材料表面の化学構造だけでなく、表面の凹凸構造も大きく影響を与えます。ぬれ性の評価には、**接触角**を測定することがほとんどです。

測定方法は実に単純で、平らなところに試料を置き、表面に一定量の水滴を滴下し、表面と水滴の接触角を側面から顕微鏡などで測定します。測定法自体は簡単で原理もシンプルなのですが、測定にはいくつか注意すべき点あります。例えば、表面に界面活性剤や油分が残っているとぬれ性が変化してしまい、正しく測定できません。器具の洗浄に使う洗剤が残らないよう、また、試料表面や器具などを直接素手で触らないよう、注意が必要です。

ぬれ性は上述のとおり、複数の要因があわさっており、化学量ではありません。そのため、測定としては光照射開始直後から測定を始め、次第に接触角が減少し、ほぼ0°になった後に照射を止め、その後暗所で放置したときに接触角が次第に増加していく過程を経時変化として追跡し、接触角の減少・増加の速度を比較する、速度論的解析をすることが大切です。

図 5-13-1　水滴接触角の測定

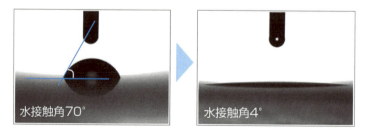

# 5-14 抗菌 / 抗藻 / 抗かび / 抗ウイルス効果の評価

## ●菌とウイルス

　なにかを製品化しようとするとき、使用目的・使用環境・使用条件などに応じた、個別の試験が必ず必要となります。ところで、現在地球上には、菌類が既知のものだけで9万7000種、未確認の菌もあわせると50万から990万種もいるといわれています。また、ウイルスに関しては既知が3万種ほどですが、1種のウイルスに対して、数〜百以上のタイプの異なるウイルスが存在します。もちろん、その全部が生物にとって有害・有毒というわけではないのですが、例えば哺乳類と鳥類に感染するウイルスは約650種、人の風邪の原因となるウイルスだけでも、200種程度あるといわれています。「抗菌効果がある」と銘打って製品化する際、全種類に対して個別の試験が必要でしょうか。もしそうだとすると、製品を市場に出すまでに膨大な時間とお金が必要となります。

　抗菌・抗カビ特性に関しては、次節で紹介するJISやISOで標準試験法が定められており、基本的にはそれに沿った方法で試験することで、抗菌特性などが評価できます。光触媒の場合、その特性上ほぼすべての有機物を酸化分解できるわけですから（逆に、分解できない有機物があるのか筆者にはわかりません……）、代表的な試験で効果があることがわかれば、他の菌やウイルスにも効果があると想像することができます。

## ●抗菌等の特性評価

　基本的には、評価したい菌などを培養し、対象とする試料に接触させ、一定温度下で一定時間光照射を続けた試料と、同じ時間暗所下で保存した試料とを比較します。比較の際には、菌などの数を実際に数えます。評価法はさまざまな種類があるため、試料の形状や性質・用途により評価方法を選ぶ必要があります。

## (1) フィルム密着法

試料の表面に細菌の懸濁液を滴下し、その上に密着フィルムを被せます。一定時間後に試料から菌を洗い出し、洗い出し液中の生菌数をコロニーの数を数えることにより測定し、以下の式に従い抗菌活性値と光照射による効果を計算します。

$$抗菌活性値＝\log A/B$$

A：光触媒なし・光照射下での培養後の生菌数
B：光触媒あり・光照射下での培養後の生菌数

$$光照射による効果＝\log A/B－\log C/D$$

C：光触媒なし・暗所下での培養後の生菌数
D：光触媒あり・暗所下での培養後の生菌数

このコロニー法はコロニーが1細胞に由来していると仮定して行うものです。コロニー数と生菌数が比例関係になるのは、約500個以下の範囲であるため、50〜300程度のコロニーが現われるように洗い出し液を希釈する必要があり、希釈操作に熟練の技が必要となります。また、コロニーの数だけを評価するため、コロニーの大きさの違いが評価指標に含まれていないことは課題です。

フィルムの代わりにガラスを密着させるガラス密着法もあり、生地や繊維製品はガラス密着法で、タイルやプラスチック製品などはフィルム密着法で評価することが多いようです。

## (2) ハロー法

細菌を接種させた寒天培地上に試料を設置し、1〜2日間培養します。試料に細菌の増殖を抑制する成分が含まれていれば、試料の周辺に細菌が増殖しない領域（阻止帯、ハロー）が形成されます。この領域の有無で定性的に抗菌効果を評価します。

この方法は定性試験ですので、試料ごとの比較は難しく、また、試料や細菌の種類によっては、色が似通っておりハローが不明瞭になる場合もあります。

## ●試験後の処理

　使用後の培地には、培養で増殖した大量の微生物が含まれているため、医学・環境衛生上の観点からも、適切に処理する必要があります。比較的小規模な場合はオートクレーブ処理が用いられ、処理された培地は実験廃液と同様に扱うことができます。または、耐熱性のポリ袋に入れたままオートクレーブで滅菌し、冷えて固化したものを固形の廃棄物（実験廃棄物、医療廃棄物）として焼却処理することもできます。

**図 5-14-1　抗菌特性の評価**[1]

暗所

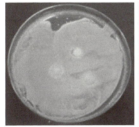 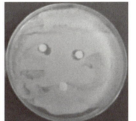

光触媒なし　　　　　　　光触媒あり

可視光照射

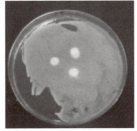 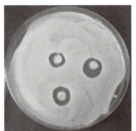

光触媒なし　　　　　　　光触媒あり

---

[1] *Beilstein J. Nanotech.*, **9** (2018) 829

## 5-15 光触媒性能評価法の標準化（JIS・ISO 化）

### ●標準化の必要性

　光触媒およびその製品は取り扱いが容易であり、対象製品も幅広いため、新規参入が比較的容易です。また、セルフクリーニング効果は目でわかりやすいのですが、消臭効果や VOC 除去・抗菌効果などはその効果を確認するのが難しいです。そのため、光触媒の 2 大機能である酸化還元反応による酸化分解と超親水性から外れた、効果が疑わしい「まがいもの」も誕生してしまいました。そのまがいもの製品の流通により、光触媒に対する消費者の信頼性を大きく損ねてしまいます。

　そこで、誰にでもわかる「お墨付き」が必要ということになり、光触媒性能評価法の標準化が光触媒メーカー、大学、産総研等の専門家が中心となって 2002 年より押し進められました。

### ● JIS 化

　まず、紫外光応答型光触媒材料について、セルフクリーニング性能・空気浄化性能・水質浄化性能・抗菌・防かび性能の 4 性能において、これまで各企業でバラバラだった評価法が統一され、同一基準・同一条件で光触媒製品の性能を評価できるようになりました。

　2004 年に世界で初めて、光触媒関連規格として JIS R1701-1 が制定されたのを皮切りに、次々制定されていきました。制定後も、JIS は 5 年ごとに見直すことになっており、技術進歩への対応と、次に示す ISO および他の JIS 規格との整合性が図られています。

　また、可視光応答型光触媒材料についても 2012 年に標準光源について JIS が制定されたのを皮切りに、標準化が進められております。

## ● ISO 化

　光触媒の市場が、日本国内だけでなく韓国・中国・台湾・ドイツ・米国でも拡大するにつれ、まがいものによる光触媒への信頼性を損ねないよう、国際標準も必要となってきました。

　光触媒の国際規格（ISO）化は、日本が幹事国となっているファインセラミックスの国際標準化を扱う ISO/TC206 の中での検討が決まり、日本主導の形で進められました。ISO 化の体制は、投票権のある国（P メンバー国）として、日本をはじめアジア 5 か国、欧州 7 か国、北米 2 か国およびその他 2 か国で構成されており、特に欧州での光触媒への標準化の関心の高まりと、アジアにおけるまがいものの懸念が大きいことから、欧州およびアジアでの協調・協力体制を構築しながら進められていきました。

　2007 年に $NO_x$ 分解試験法が ISO 制定されたのを皮切りに、次々制定されていきました。このような国際的標準規格の制定により、海外市場において、日本の光触媒製品の性能を適切に評価できる環境が実現するのに加えて、光触媒製品の国際競争力の強化が期待されます。

#### 図 5-15-1　標準化の必要性

```
・光触媒性能の確認・比較
・浄化材料の高性能化・開発促進
・効果のない / 低いものの排除、消費者保護
・導入・普及促進
・環境産業の創出
・国際規格：我が国産業技術の優位性確立
```

---

[1]　光触媒工業会

# 表5-15-1 JIS・ISO一覧 [2]

光触媒性能評価試験法のJIS/ISO制定状況(カッコ内は制定年度あるいは最新改訂年度)

| 分類 | 試験方法 | 紫外光 | | 可視光応答型 | |
|---|---|---|---|---|---|
| | | JIS番号 | ISO番号 | JIS番号 | ISO番号 |
| セルフクリーニング | 水接触角 | R1703-1 (2007) | ISO 27448 (2009) | R1753 (2013) | ISO 19810 (2017) |
| | メチレンブルー分解 | R1703-2 (2014) | ISO 10678 (2010) | - | - |
| | レザズリンインク分解 | - | ISO 21066 (2018) | - | - |
| 空気浄化(流通法) | 窒素酸化物 | R1701-1 (2016) | ISO 22197-1 (2016) | R1751-1 (2013) | ISO 17168-1 (2018) |
| | アセトアルデヒド | R1701-2 (2016) | ISO 22197-2 (2011) | R1751-2 (2013) | ISO 17168-2 (2018) |
| | トルエン | R1701-3 (2016) | ISO 22197-3 (2011) | R1751-3 (2013) | ISO 17168-3 (2018) |
| | ホルムアルデヒド | R1701-4 (2016) | ISO 22197-4 (2013) | R1751-4 (2013) | ISO 17168-4 (2018) |
| | メチルメルカプタン | R1701-5 (2016) | ISO 22197-5 (2013) | R1751-5 (2013) | ISO 17168-5 (2018) |
| 空気浄化(チャンバ法) | ホルムアルデヒド | - | - | R1751-6 (2013) | ISO 18560-1 (2014) |
| 水質 | ジメチルスルホキシド | R1704 (2007) | ISO 10676 (2010) | - | - |
| 酸化反応活性(水中法) | 溶存酸素(フェノール分解) | R1708 (2016) | ISO 19722 (2017) | - | - |
| | 全有機炭素量(TOC) | - | CD 22601 | - | - |
| 抗微生物 | 抗菌 | R1702 (2012) | ISO 27447 (2009) | R1752 (2013) | ISO 17094 (2014) |
| | 実環境抗菌(セミドライ法) | - | - | - | CD 22551 |
| | 抗カビ | R1705 (2016) | ISO 13125 (2013) | - | - |
| | 防藻 | - | ISO 19635 (2016) | - | - |
| | 抗ウイルス | R1706 (2013) | ISO 18061 (2014) | R1756 (2013) | ISO 18071 (2016) |
| 完全分解 | アセトアルデヒド分解 | - | - | R1757 (2013) | ISO 19652 (2018) |
| 光源 | 標準光源 | R1709 (2014) | ISO 10677 (2011) | R1750 (2012) | ISO 14605 (2013) |

※AWI(新規業務項目)→WD(作業原案)→CD(委員会原案)→DIS(国際規格原案)→FDIS(最終国際規格原案)→ISO(制定のステップ)

● 認証マーク

　世の中には、実にたくさんの光触媒製品および光触媒効果を謳った製品が販売されていますが、本当に効果があるか疑わしいものも正直多いです。本物とまがいものを見分ける1つの方法に、認証マークを活用する方法があります。

　現在、**光触媒工業会**（PIAJ）ではJIS試験法に基づいて性能基準を設定しており、性能・利用方法等が適切であることを認めた光触媒製品にだけ与える、**PIAJマーク**が発行されております（図5-15-2）。材料・製品の試験は、試験事業者登録（JNLA）制度により、技術レベルが確認された試験所が担当しており、多角的な実証・考察を加え、一定の性能基準が設けられています。PIAJマークを与えられた製品には、どのような条件でどのような効果があるのかを示す性能表示もされており、それらの情報は公開もされていますので[3]、より安心して光触媒製品を買ったり使ったりできるようになりました。

図 5-15-2　PIAJ マーク

[2] 2019年4月現在　光触媒工業会標準化委員会調べ
[3] 光触媒工業会ホームページ（https://www.piaj.gr.jp/roller/）

## ❗ 標準化の壁

　光触媒反応に限らず、なんらかの機能性を持つ製品について、その機能を定量的に示すために JIS や ISO などの標準化が行われますが、光触媒のように固体状態で使用される場合には「標準化の壁」が存在します。それは、その標準化された測定法が正しく行われたかをチェックするための「標準品」がないからです。

　例えば、ある「光触媒標準品」が存在すれば、自分の光触媒の評価を行うときに、その標準品も同じように試験して他の人（機関）のデータと似通った値であれば、試験を行った当人もそのデータを見る他の人も「その試験が適切に行われた」と判断できるからです。逆に、そのデータがなければ、試験結果に客観性がなくなるともいえます。

　それでは、その標準品があるかというと、残念ながら固体状の試料では厳密な意味での標準品は設定できません。それは 5-8 節で述べたように、固体試料では「同定」が難しいからです。同じ製造メーカーの同じコード名のサンプルでも、細かく見れば異なった性質を持っています。その違いを含めて評価する手法がほとんどないからです。紫外光照射下での活性については、5-9 節で述べたような、デファクトスタンダードとなるものはいくつか実際に使用されていますが、可視光照射下での活性についての標準品はデファクトのものもありません。これが、「標準化の壁」です。

# 第6章

# 光触媒の可能性

これまでさまざまな研究・開発が長年行われ、すでに多く
の製品が販売されている光触媒ですが、今後、さらに光触媒
界を盛り上げ、発展させるためにはなにが必要なのでしょう。

## 6-1 可視光応答型光触媒の開発

### ●実用化の課題

　実用化で最も望まれているのは、可視光でも反応する可視光応答型光触媒の開発でしょう。実用化された光触媒のほとんどを占める酸化チタンには、これまで述べてきたように、紫外線が必要です。しかし、太陽光にも一般の室内灯である白色蛍光灯にもあまり含まれていません。基本的に、光吸収が増えれば増えるほど励起電子の数を増やすことができるので、光触媒の反応速度は向上しますが、そもそも光のごく一部（太陽光では 400 nm 以下の光で約 6%）しか使えないため、酸化チタン製品の限界はみえています。また、光を多く吸収できたとしても、その光を利用する効率（量子収率）が低ければ、やはり限界がきてしまいます。

### ●鍵はバンドギャップと CBB 位置

　可視光でも光励起させるためには、バンドギャップが小さな光触媒を選ぶか、なんらかの方法で、酸化チタンなど既存の半導体光触媒のバンドギャップを小さくするかのどちらかです。

　もちろんこれまでも可視光応答型光触媒は、大変さかんに研究されてきました。しかし、前述のとおり（3-3 節・4-8 節参照）、バンドギャップの小さな光触媒は化学的安定性が低く、例えば水中で光を当てると生成した正孔によって自分自身が酸化され、金属イオンが溶け出してしまいます。また、CBB が低いために還元力に乏しく、適度に CBB が高い酸化チタンにはその性能が及びません。

　また、酸化チタンをベースとし、そこにチタン以外の元素を少量混ぜ込む（ドープ）試みも行われております（図 6-1-1）。この方法では、ドープした元素の電子エネルギー準位（**不純物準位**）がバンドギャップ内に形成され、この準位を介した光励起により、可視光でも機能する酸化チタンが得られます。例えばクロムや鉄などの金属をドープすると、CBB の下に不純物準位

150

が形成されます。しかし、この不純物準位に励起した電子は、当然ながら伝導帯に励起した電子と比べ還元力が弱く、光触媒反応に寄与する確率も低いです。また、不純物準位は、紫外線による光触媒反応の量子収率を低下させる原因にもなるため、結果として、これらのドープによる酸化チタンの光触媒活性は高くありません。また、窒素や硫黄をドープした場合、VBTの上に不純物準位が形成され（一部、ドープ元素の電子軌道と酸素の電子軌道が混在した価電子帯ができるともいわれています）、正孔を生じさせやすくする効果があるといわれていますが、紫外光と可視光の量子収率を比較すると可視光のほうが低いようで、これも電子が満たされている価電子帯からの光励起に比べ、反応効率が高くないようです。

　近年注目を集めているのが、**オキシナイトライド**と呼ばれる窒化酸化物や、**オキシハライド**と呼ばれる酸ハロゲン化物などです。基本的には、電気陰性度の小さな窒素や塩素を用いることでVBTを上げることができ、バンドギャップの小さな材料を作ることができます。これらの光触媒は自己酸化が起こりにくいことからも、可視光応答型光触媒として期待されています。

## ●助触媒による可視光応答化

　バンドギャップの小さな材料の探索や、異種元素のドープによる可視光応答化の他に、助触媒による可視光応答化の試みもあります。その1つが、鉄や銅イオンからなる助触媒を酸化チタン上に担持させることで、酸化チタンから助触媒へ電子が直接励起する**光誘起界面電子移動**が生じ、可視光でも励起が可能になります。

　もう1つが、金や銀のナノ粒子を酸化チタン上に担持させることで、これらの**局在表面プラズモン共鳴**（Surface Plasmon Resonance、SPR）により、可視光や近赤外光を吸収（プラズモン吸収）します。また、プラズモンによる**電荷分離**によって電子と正孔が分かれ、効率的に酸化還元反応が進行するといわれています。

### 図 6-1-1　ドープによる可視光応答化

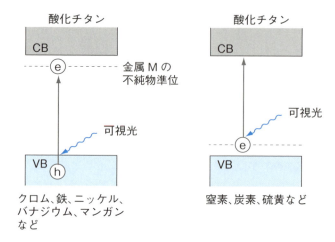

### 図 6-1-2　助触媒による可視光応答化

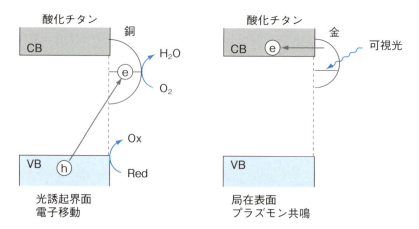

## 6-2 光触媒活性因子の解明

### ●活性に与える因子の解明

　光触媒を使う限り、その活性の向上は永遠のテーマといえるでしょう。しかし、活性をあげるためには、なぜ光触媒の活性が高い／低いのかを解明する必要がありますが、現在のところ、まだ活性の原因因子は完全には特定されていません。

　前述のとおり（5章参照）、光触媒の構造と活性は複雑に絡み合っており、1対1の関係ではありません。例えば、粒子サイズが変わると、結晶性や結晶欠陥の量など、表面構造も連動して変わってしまい、もちろん活性も変わります。すなわち、この連動の影響をかぎりなく抑え、活性に与える因子を解明するためには、「ある物性だけが違い、他の物性はすべて同じ」試料を用意する必要がありますが、現時点ではそれはほぼ不可能です。

　光触媒の物性は、結晶構造、粒子の大きさ、表面構造の3つに大きく分けられます。これらの特性をすべて揃えた「均質な」光触媒が準備できれば、純粋な光触媒粒子として将来、光触媒の標準試料となりえます（5章章末コラム「標準化の壁」参照）。

　そのような光触媒の候補として、{101} の露出結晶（格子）面だけからなる、**八面体形状アナタース型酸化チタン**（Octahedral Anatase Particles、OAP）があります。調製条件を整えて調整したOAPは、アナタースですので結晶構造は同じですし、1つの露出結晶面からなるため表面構造の影響を評価できます。調製条件を変えることで、粒子の大きさも変えることができます。

　われわれはこれまで、チタン酸ナノワイヤーを原料として、水熱合成の調製条件を検討することで、アナタース含率約99％（残りは非結晶成分）、OAP含率96％、平均粒径約300 nm の、均質な大粒径OAPを合成することに成功しました（図6-2-1）。このOAPを用い、結晶構造・粒子の大きさ・表面構造の整った状態で光触媒の活性比較を行うことで、光触媒活性にはどの因子が効いているのかを解明できる可能性があります。

図 6-2-1　均質な大粒径 OAP

## ●電荷分離の起源

　酸化チタンに紫外光が当たると、電子と正孔が生成しますが、それらの寿命以内に酸化還元反応が進行しなければ、失活、すなわち両者が再結合してしまいます。この酸化還元反応は、必ず光触媒の表面上で進行しますが、別々の場所で起こらなければなりません。なぜなら、電子と正孔はいわば負の電荷と正の電荷ですので、同じ場所でこの2つが反応する（出会ってしまう）と、お互いが結合してなにもなくなってしまいます（2章章末コラム参照）。

　ここで、電子と正孔がお互いに反対の方向に進むという、電荷分離の概念が必要になります。この電荷分離は光触媒反応を説明するうえで大事な概念で、これがなければ電子と正孔によって酸化還元反応が進行する光触媒反応は説明できません。しかし、この電荷分離はどのようにして起きるのでしょうか。物理の世界では、正電荷と負電荷を分けるには、必ず電場が必要ですが、単一の材料でできている光触媒内に、こうした電場が生じるのはとても不思議な話です。

電荷分離を確かめるために、これまで多くの研究がなされてきました。特筆すべきは、異なる露出結晶面を持つ光触媒を用いて、そこに光析出法によって金属や金属酸化物を担持し、その担持状態の露出結晶面選択性を評価することで、どちらの面で還元・酸化反応が起こったかを推察するものです。その結果、アナタース型酸化チタンで最安定な露出結晶面である ｛101｝上では還元反応が、｛001｝上では酸化反応が起きており、光触媒粒子中で確かに電荷分離が起こっていると主張されてきました（図6-2-2左上）。

　このような露出結晶面を制御した酸化チタンを作るには、最安定な ｛101｝面の結晶成長を抑制するために、調製時に構造規制剤を用いる必要がありますが、われわれは、塩化チタンを原料に用いた気相合成によって、構造規制剤の影響がほとんど残らない（水洗浄によって除去可能な）、2つの ｛001｝と8つの ｛101｝露出結晶面からなる十面体形状アナタース型酸化チタン（Decahedral Anatase Titania Particle、DAP）を調製しました。

　このDAPを用いて担持金属の露出結晶面選択性を統計的に解析したところ、電荷分離の可能性は否定できないものの、各露出結晶面の表面電位の特性の違いが、担持金属の露出結晶面選択性に影響を与えることが明らかになりました。

　このように、光触媒の粒子構造を精密に制御した光触媒を用いることで、光触媒の活性因子などの解明に近づくと考えられます。

**図 6-2-2　露出結晶面選択的な物性をもつ DAP**[1]

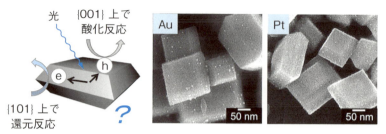

金および白金の {101} 面選択的な担持

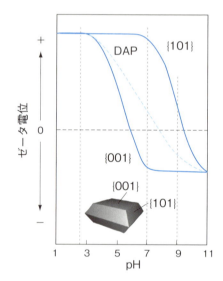

露出結晶面選択的な表面電位特性

## ● ERDT と光触媒活性

　前述のとおり（5-8 節参照）、現在、金属酸化物粒子の表面構造をマクロに高精度で測定できるのは、RDB-PAS だけです。光触媒反応は光触媒表面で進行するため、RDB-PAS で測定できる ERDT と光触媒活性との間に相関がとれることが予想されます。

---

[1] *Catalysts*, **8** (11) (2018) 542

種々の市販酸化チタンのペアについて、ERDT/CBB パターンの一致度と、

(1) 白金を担持した酸化チタンによる脱気雰囲気下でのメタノールの脱水素反応
(2) 空気雰囲気下での酢酸の酸化分解反応
(3) 脱気雰囲気下でのフッ化銀水溶液からの酸素生成反応

の3つの光触媒反応における光触媒活性の一致度の平均値の相関を調べると、ERDT/CBB パターンの一致度が高い（$\zeta > 0.6$）場合、活性の一致度も高いことがわかりました（図6-2-3）。つまり、表面構造、粒子の大きさ、結晶構造を反映しているであろう ERDT/CBB パターンに、光触媒活性を決定する支配因子が反映されている可能性が高く、いいかえると、ERDT/CBB パターンに反映される構造特性によって光触媒活性が制御されている可能性が高いといえます。

### 図 6-2-3　表面構造と光触媒活性 [1]

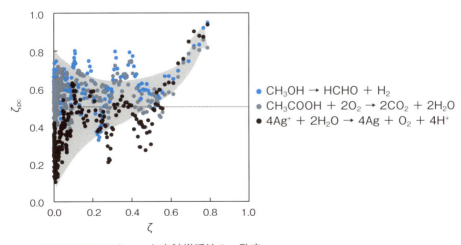

ERDT/CBB パターンと光触媒活性の一致度

[1] *Chem. Commun.*, **52** (2016) 12096

## ●複数の光触媒の混合試料

酸化チタンとして有名な P 25 は、アナタースが約 78%、ルチルが約 14%、非結晶成分が約 8% の混合物です。この複数の結晶相の存在によって、それぞれ単一のときよりも活性が向上する相乗効果（シナジー効果）があるために、P 25 は活性が高いと長年いわれてきました。しかし、そこには確実な科学的根拠があるわけではなく、そう考えると説明できる、という程度にすぎないともいえます。

最近、RDB-PAS 測定により、光触媒がいくつかの結晶相による混合物の場合に、VBT の高い光触媒からお互いの ET へ光励起が起こる、**粒子間電荷移動励起**が生じる可能があることがわかってきました。

これは、光触媒の活性因子の解明だけでなく、Z スキーム型水分解のような、複数の光触媒が混在する反応系において、活性を制御・向上させる際にも非常に有用な知見であり、今後のさらなる研究の進展が期待されます。

---

### ❗ 活性を支配する因子

光触媒は、光を吸収して反応することを考慮すると、活性を支配する因子として「光吸収、電荷分離、基質の吸着、表面での反応などが円滑に進行する」必要があります。これらの素過程に対し、光触媒のバンド構造、結晶性（欠陥密度）、粒径、形態（細孔）、表面積、表面構造などが影響することは確かで、また前述のとおり、これらの要素はお互いに連動して変化します。しかし、これら要素はすべて「結晶構造、粒子の大きさ、表面構造」に分類することができ、すなわち、本書で提案している ERDT/CBB パターンを調べることで、活性を支配する因子が解明できる可能性があります。ただし、それらの活性への寄与の度合いは、光触媒反応の種類によって一様ではないと考えられ、ある反応に適している光触媒が他の反応にも適しているとは限らないことには注意が必要です。

## 6 -3 バンド構造モデルを超える 新しいモデル

### ●バンド構造モデルの問題点

　前述のとおり（2-4節参照）、不均一系光触媒反応のメカニズムはこれまで、用いる光触媒のバンド構造（CBB/VBT位置）モデルと、各反応の標準電極電位の位置関係に基づいて、つねに説明されてきました（図6-3-1）。

　しかし、このモデルでは熱力学的な平衡論を示しているだけで、実際に反応が進行するかどうか（特に、酸素や二酸化炭素の還元反応のように、進行しうる反応に複数の候補がある場合にどの反応が進行するか）、つまり、速度論を議論することは不可能です。

　また、バンド構造モデルは、表面以外の内部（バルク）構造である結晶構造だけできまるため、粒子のサイズが違っていたり、表面の構造が違って（6-2節で紹介したような粒子形状が異なる場合もこれに当たります）いたりする場合も、それらが区別されることがありません。例えば、酸化チタンのアナタース結晶からなる光触媒は、粒子サイズや表面構造が違っていても「同じ」ものとして扱われることになります。

　さらに、複数の電子が関与する多電子移動反応のコンセプトも、バンド構造モデルにはそもそもありません。

　一方、例えば、前述のとおり（5-8節参照）、ERDT/CBBパターンは表面構造や粒子サイズを反映しており、酸化チタンなどの金属酸化物の同定が可能であることがわかっています。つまり、ERDT/CBBパターンを用いることで、その材料が表面を含めてどのような構造であるのかを明確に示すことが可能になります。

　とにもかくにも、不均一系光触媒反応に特有の、これらの問題点を克服する「新しいモデル」の提案が求められています。

## ●不均一系光触媒反応の速度論

われわれは、高強度 LED 光源（波長 365 nm）を用い、酸化チタンを用いた電子受容体（$IO_3^-$ もしくは $Fe^{3+}$）存在下における水からの酸素生成反応、およびフレークボール形状タングステン酸ビスマス（FB-BWO）などを用いた酢酸の酸化分解反応における、反応速度の光強度依存性（Light Intensity Dependence、LID）解析を行ったところ、通常のキセノンランプや水銀灯からの紫外光強度と同程度の光強度領域では、1 粒子中に 2 個の電子が蓄積する確率が光強度の二次に比例して増大し、2 つ（以上）の電子の蓄積が保証される光強度領域（通常の光源の 10 倍程度）では、光強度の一次に比例することを明らかにしました（図 6-3-2）。この実験事実と、「光吸収過程」と「多電子移動のための電荷の蓄積」を考慮に入れた多電子移動反応について、定常状態近似を用いた速度論解析により、これらの光強度領域では、どちらの反応系でも 2 電子移動反応が進行していることを明らかにしました。

また、FB-BWO を用いた系において、湿式粉砕した試料では二次から一次へ次数が変化する閾値が高強度側にシフトしたことと、試料粉末の体積測定の結果から、1 つの FB-BWO 粒子のうち、どの位置に電子 – 正孔が生じても多電子移動反応に寄与できるわけではなく、「ある程度限定された領域」内に、複数の電子 – 正孔が生じる必要があることがわかりました。この領域を**有効粒子径**と呼びます。

さらに、水からの酸素生成反応系では、小粒径のアナタース型酸化チタンを用いて極めて高い強度で光照射した場合、光強度依存性が一次から四次に突然変化する現象が観測されました。この特異的な変化は、移動電子数が「2」から「4」に変化、つまり、反応に関与する標準電極電位が 2 電子移動反応のものから 4 電子移動反応のものへ「スイッチ」したことによるものと考えられ、このような特異点（シンギュラリティ）は、化学反応において初めての観測です。

これらの結果より、光触媒の 1 つの粒子（有効粒子径）内に蓄積する正孔（励起電子）の数が、反応速度を支配していることを明らかにしました。

## ●不均一系光触媒反応における多電子移動反応の速度論モデル

　光吸収過程と多電子移動のための電荷の蓄積を考慮に入れた、多電子移動反応の速度論モデルにおいて、速度は

$$<PC>+h\nu \rightarrow <PC(h^+)> \quad r=I_L\psi_1\phi$$
$$<PC(h^+)>+h\nu \rightarrow <PC(2h^+)> \quad r=I_L\psi_2\phi$$

と表されます。ここで、$I_L$ は照射光の 95% をカバーする面積である実照射面積を考慮した光強度 [$W\ cm^{-2}$]、$\psi_1$ および $\psi_2$ は 1 つ目の光子の吸収効率（光触媒によって固有）および 2 つ目の光子の吸収効率、$\phi$ は電子-正孔生成の量子効率です。

　このモデルによると、活性を向上させる、つまり、反応速度を大きくするためには、光照度を高くする以外に、

(1) 量子効率を低下させずに可視光を使えるようにする（$\psi_1$ を大きくする）

(2) 有効粒子径を大きくする（$\psi_2$ を大きくする）

(3) 目的の酸化還元反応に有効な ERDT をもつ光触媒を設計、調整し RDB-PAS 測定によって確認する（$\phi$ を大きくする）

などの手段が有効であることがわかります。

### 図 6-3-1　バンド構造モデルの問題点

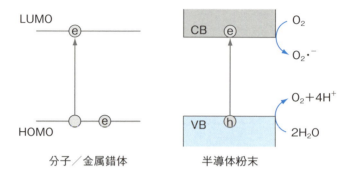

バンド構造モデル
熱力学的平衡論＝× 速度論
結晶構造＝× 表面構造、粒子サイズ
× 多電子移動反応

### 図 6-3-2　酸素生成反応速度の LID [1]

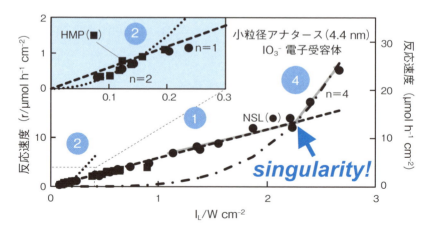

[1] *Chem. Lett.*, **47** (3) (2018) 373

### 図 6-3-3 光吸収過程を考慮に入れた多電子移動反応の速度論モデル

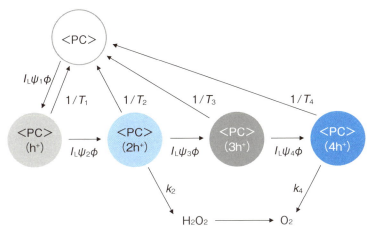

（1）水からの酸素生成反応の速度論モデル

（2）有機物の酸化分解の速度論モデル

## 補足資料（1）本多－藤嶋効果

「本多－藤嶋効果」は、1972年にNatureに掲載された論文「Electrochemical Photolysis of Water at a Semiconductor Electrode」の内容を一言で表したもので、藤嶋昭助教授（当時・東京大学）を取材した新聞記者が、記事にするときに作った言葉といわれています。論文の著者名は藤嶋氏が先で、本多健一教授（故人）が2番目だったのですが、記者が「藤嶋－本多効果」と提案したのを藤嶋氏が順序を変えたと伝えられています。

「効果」というのは、その論文の題名からもわかるように、水が電気化学的（electrochemical）な光分解（photolysis）をうけて分解するということから、「従来の電気化学的な反応だけでは水の分解（＝電解）が起こらないような条件」でも、電極として酸化チタンを使ってそれに光を照射すると分解が起こることにもとづいています。実際に、この論文では、還元処理をして電導性をもたせたルチル型酸化チタン単結晶と白金の2つの電極を導線で接続した電気化学反応系を使っており、2つの特定の条件下で水の酸素と水素への分解が進行することが示されています。

1つは、電源を接続して酸化チタン電極をプラスに、白金がマイナスになるように電圧をかけた場合、もう1つは、それぞれの電極が入った容器をイオンが透過して電流が流れるように素焼きのフィルターで接続し、酸化チタン側をアルカリ性、白金側を酸性にして、両極を直結した場合で、光を当てないと電流は流れませんが、酸化チタン電極に光を当てると電流が流れて、酸化チタン電極上で酸素が、白金電極上で水素が発生します。前者の条件は「電気化学バイアス（electrochemical bias）」、後者の条件は「化学バイアス（chemical bias）」をかけたということで、両極を直結して（電圧をかけないで）同じ電解質溶液に入れた場合には、光を当てても反応は起こりません。

実は、このような実験条件はこの論文を読んだだけではわかりません。というのもこの非常に短い（2ページ分）論文の中には、詳細な実験条件が書かれていないからです。前者の電気化学バイアスをかけた実験では、電解質溶液の種類やpHが書かれていませんし、後者の化学バイアスをかけた実験についての図には、電極などの部分に番号が書かれていますが、それぞれの番号がなににあたるのかが書かれていません。それにも拘わらず、上記のよ

うなことがわかったのは、この論文のインパクトが非常に高く、たくさんの
ひとが実験の追試をしたからです。特にアメリカの電気化学者が追試を行っ
て再現性と実験条件の確認を行いました。そのインパクトの高さは、これら
の追試の結果が、権威のある Nature や米国科学アカデミー紀要（Proceedings
of the National Academy of Sciences of the United States of America）に
掲載されていることだけでも理解できます。なぜそれほどインパクトが高か
ったかというと、電気化学バイアスや化学バイアスによって、系内に注入し
たエネルギーより大きなエネルギーが水素として得られるからです。これは
照射した光エネルギー（の少なくとも一部）が化学エネルギー（水素）に変
換されたからです。

　この論文は 2019 年 2 月の時点で 16,000 回以上引用されており（最近 1 年
では 1 日あたり 10 回以上増加）、最近の引用のほとんどは「光触媒反応を最
初に報告した論文」としてのものですが、この論文は書誌学的（bibliographic）
には光触媒反応の最初の論文ではありません。それまでに数多くの光触
媒反応系の報告があります（現象の報告だけなら 19 世紀から、1-4 節参
照）。実際に読んでみるとわかりますが、光触媒反応（photocatalysis や
photocatalytic、photocatalyst）という言葉は含まれていませんし（おそら
く 1972 年当時にはその用語は定着してなかったのかも知れません）、上で述
べたように酸化チタンと白金をくっつけて光を照射してもなにも起こらない
ことが示唆されています。しかし、上記のように、酸化チタンのような半導
体に光を照射すると「光 – 化学エネルギー変換」が可能であることを示した
初めての論文であることはほぼ間違いなく、この論文によって光触媒反応や
光電気化学反応の研究がさかんに行われるようになったという意味で「光触
媒反応研究の原点」であるといってよいと思います。当然ながら、この本が
出版されるのも、著者の 2 人がこの分野の研究を行っていることも、この
Nature の論文あってのことです。

165

## 補足資料（2）メチレンブルーの分解

　最近の光触媒反応に関連する論文の多くで、メチレンブルーやローダミンBなどの名称の有機色素の分解反応を、光触媒活性の評価に使っています。実はこれはあまり適切ではありません。というのは、酸化チタンを用いるメチレンブルーの分解（光退色）反応を、5-11 節で述べた作用スペクトル解析によって調べると、波長が 400 nm 以下の紫外光領域における作用スペクトルは、酸化チタンの吸収スペクトルによく一致するので、酸化チタンの光触媒反応によって分解していると考えられますが、可視光領域の作用スペクトルの形状は、メチレンブルーの光吸収と似たものになっていて、光触媒である酸化チタンではなく、メチレンブルーが光を吸収して分解していることがわかるからです。これは、「色素増感機構」といって、光を吸収して励起状態になった色素が、酸化チタン（などの固体物質）に電子を注入して自ら分解するというもので、光触媒反応ではありません。

　「メチレンブルー分解で光触媒活性を評価できる」という一種の思い込みと同様に、多くの研究者が誤解しているのが「ブランクテスト」です（5-9 節参照）。このブランクテストとは、「光、光触媒および反応基質のどれか1つが欠けたときに反応が進行しなければ『光触媒反応といえる』」というものです。実は、最後の「光触媒反応といえる」というのが間違いで、正確には「『光触媒反応でない』とはいえない」あるいは「光触媒反応としての必要条件を満たしている」ということになります。ちょっとわかりづらいのですが、光触媒反応ならこのブランクテストをパスするのは当然ですが、光触媒反応でなくてもブランクテストをパスする可能性があるということになります。実際にメチレンブルーの分解はブランクテストをパスします。これは、酸化チタンのような固体がないと色素が電子を注入する相手がいないので、反応が進行しないからです。このブランクテストはすでに 1980 年代にはよく知られており、おそらく当時は上記のことがよく理解されていたのですが、一種の伝言ゲームのようなかたちで、いつの間にか「ブランクテストをパスすれば光触媒反応といえる」ということになってしまったようです。

　なお、5-15 節の標準化試験でもメチレンブルーの分解が使われていますが、この場合、光源を紫外光に限っているかぎり問題はありません。しかし、可

視光応答性を主張したい場合には利用できません。著者のひとりは、いくつかの学術雑誌のエディターを務めていますが、可視光応答性の光触媒の開発と評価に関する論文で、活性試験に色素を使っているものは、審査にまわすことなしに拒絶しています。本当の光触媒活性とはいえない結果が認知されてしまうことは、この分野の健全な発展を阻害するものだからです。

　ただし、多くの研究者がメチレンブルーなどの色素の分解を使うのには理由があります。それは、途上国などの研究機関で設備が不足している場合でも、分解の度合いを測定するための分光光度計は、他の分析機器に比べると安価で備えられていることが多いからです。色素分解では本当の光触媒活性を測ることはできないとわかっていても、分析装置がなければ新しい光触媒を開発しても評価できません。そこで、著者らの研究室では、分光光度計あるいはそれよりさらに安価な波長固定式の比色計でも「真の光触媒活性」を測定できる方法を開発中です。

用語索引

167

##  XRDを用いた非結晶成分の算出

　XRD法では結晶しかXRDパターンは得られず、アモルファス（非結晶質）や物質に吸着している水などの非結晶成分は測定できません。そこで、非結晶成分があらかじめわかっている試料を内部試料として光触媒粉末と共に混合し、XRDパターンを測定することで、非結晶成分量を計算によって求めことができます。その一例を次に示します。

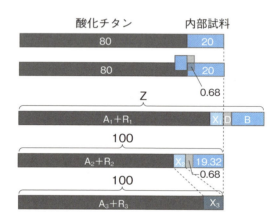

　まず、試料（酸化チタン）と内部試料を80：20の割合で混合し、XRD測定を行います。測定結果をリートベルト解析し、各結晶相含有量がアナタース：$A_1$、ルチル：$R_1$、内部試料：Bと算出されたとき、酸化チタンに含まれる非結晶（NC）量（$X_3$）は次のように算出します。

　例えば、内部試料のNC量が3.4%の場合、全体を100としたときの内部試料のNC量は

$$20 \times \frac{3.4}{100} = 0.68$$

内部試料の結晶（C）量は

$$20 - 0.68 = 19.32$$

全体を 100 としたとき、内部試料の C 量は 19.32。

今、全体を Z としたときに内部試料の C 量が B と算出されているので（NC を含んでいる分、大きく出る）

$$100 : 19.32 = Z : B$$
$$Z = 100 \times B/19.32$$

同様に全体を Z としたとき、内部試料の NC 量（D）は

$$100 : 0.68 = Z : D$$
$$D = 0.68 \times Z/100$$

全体を Z としたとき、$TiO_2$ の NC 量（$X_1$）は

$$X_1 = Z - (A_1 + R_1 + B + D)$$

全体を 100 としたとき、$TiO_2$ の NC 量（$X_2$）は

$$100 : X_2 = Z : X_1$$
$$100 : X_2 = Z : Z - (A_1 + R_1 + B + D)$$
$$X_2 = 100 \times \{Z - (A_1 + R_1 + B + D)\}/Z$$

$TiO_2$ を 100 としたときの NC 量（$X_3$）は

$$80 : X_2 = 100 : X_3$$
$$80 : 100 \times \{Z - (A_1 + R_1 + B + D)\}/Z = 100 : X_3$$
$$X_3 = \frac{10000 \times \{Z - (A_1 + R_1 + B + D)\}}{80 \times Z}$$

全体を 100 としたとき、ルチル（アナタース）の含有量 $R_2(A_2)$ は

$$100 : R_2(A_2) = Z : R_1(A_1)$$
$$R_2(A_2) = 100 \times R_1(A_1)/Z$$

$TiO_2$ を 100 としたときのルチル（アナタース）の含有量 $R_3(A_3)$ は

$$80 : R_2(A_2) = 100 : R_3(A_3)$$
$$R_3(A_3) = 100 \times R_2(A_2)/80 = \frac{10000 \times R_1(A_1)}{80 \times Z}$$

## ⚠️ 光による工業生産

　光触媒反応に限らず、光化学反応によってさまざまな化合物を合成できることが報告されていますが、それが工業的な生産に使われている例はほとんどありません。現在、工業生産に利用されている光化学反応は、おそらくPNC法と呼ばれる、東レが開発した「光ニトロソ化法による $\varepsilon$-カプロラクタム合成」だけです。$\varepsilon$-カプロラクタムは6-ナイロンの原料で、おそらく全世界で年間数十万トンの量が合成されています。実験室レベルのサイズで見出されたこの反応が、工業化された経緯について技術者が書いた解説[1]によれば、もともとの反応が優れているだけでなく、他の方法では避けられない硫酸アンモニウムの副生がないことやランプの改良など、実験室レベルでは想像できないいろいろな改良があったことがわかります。光触媒反応による有機合成反応も、基本的には他の反応より優れた点が数多くありますが、実際に工業化するためには、これまでに利用されたことがない装置を作る段階、すなわちゼロから始める必要があります。逆にいえば、「本当に光触媒反応が優れている」かどうかを試されているともいえます。

---

[1] 化学教育、**24** (5) (1976) 348

## ●参考文献

光触媒に関する解説書は多数出版されていますが、著者が執筆する際に参考にした文献の一部をご紹介します。

『光触媒標準研究法』大谷文章（東京図書）
『イラスト・図解 光触媒のしくみがわかる本』大谷文章（技術評論社）
『図解雑学 光触媒』佐藤しんり（ナツメ社）
『光触媒ビジネスのしくみ』西本俊介、中田一弥、野村知生、藤嶋昭、村上武利（日本能率協会マネジメントセンター）
『光触媒応用技術』橋本和仁、坂井伸行、入江寛、高見和之、砂田香矢乃（東京図書）

光触媒と特に関係が深い学会や研究会・団体です。

応用物理学会：https://www.jsap.or.jp/
化学工学会：http://www.scej.org/
光化学協会：https://photochemistry.jp/
触媒学会：http://www.shokubai.org/、（光触媒研究会）
電気化学会：https://www.electrochem.jp/、（光電気化学研究懇談会）
日本化学会：http://www.chemistry.or.jp/、（コロイドおよび界面化学部会）
日本セラミックス協会：http://www.ceramic.or.jp/
光触媒工業会：https://www.piaj.gr.jp/roller/
光機能材料研究会：http://pfma.jp/

## ●謝辞

当書籍を執筆するにあたり、下記の方々から測定結果などをご提供頂きました。お礼申し上げます。

北海道大学触媒科学研究所　Kunlei Wang博士
北海道大学大学院環境科学院　小林健太博士、竹内脩悟博士、新田明央博士、堀晴菜博士、柴俊介氏、Yumin Li氏
室蘭工業大学大学院工学研究科　高瀬舞准教授
鈴木勝基氏

# 用語索引

## 英数

CBB……………………………150
ERDT……………………………156
$NO_x$ の酸化分解……………… 79
PIAJ マーク…………………147
X 線回折………………………103
Z スキーム型………………… 62
Z スキーム機構……………… 12

## ア行

悪臭処理……………………… 94
アスペクト比…………………105
アモルファス…………………116
暗反応………………………… 12
イオンデポジット…………… 83
医療器具の殺菌……………… 95
ウォータースポット………… 83
液体クロマトグラフィー……132
エネルギー準位……………… 28
エネルギー状態……………… 28
エネルギーバンド…………… 28
オキシナイトライド…………151
オキシハライド………………151

## カ行

回折……………………………103
街灯…………………………… 81
外部量子効率………………… 40
化学吸着……………………… 32

化学量論……………………… 63
可視光………………………… 24
可視光応答化…………………151
価数……………………………118
ガスクロマトグラフィー……132
ガスクロマトグラフィー質量分析法……133
化石燃料……………………… 14
活性酸素……………………… 46
活性点………………………… 32
カットオフフィルター………136
価電子帯……………………… 36
価電子帯上端………………… 44
壁紙…………………………… 75
紙……………………………… 92
カラム…………………………132
カルビン・ベンソン回路…… 12
還元反応……………………… 30
干渉光…………………………107
基底状態……………………… 28
逆二重励起光音響分光法……124
逆反応………………………… 63
吸光係数……………………… 34
吸光度…………………………109
吸収…………………………… 28
吸収光束……………………… 39
吸収スペクトル………………109
局在表面プラズモン共鳴……151
均一系光触媒反応…………… 34
金属の光析出………………… 17
空気清浄機…………………… 86
屈折…………………………… 28
クベルカームンク関数………109
クレーター…………………… 83
クロマトグラフィー…………132
クロロフィル………………… 12

172

| | |
|---|---|
| 結晶 | 116 |
| 結晶性 | 116 |
| 光化学系Ⅰ | 12 |
| 光化学系Ⅱ | 12 |
| 光化学反応 | 12, 17, 32 |
| 抗菌タイル | 77 |
| 光合成 | 10 |
| 光子 | 24 |
| 光子利用効率 | 40 |
| 光電効果 | 26, 118 |
| 光電子 | 118 |
| 光電子分光法 | 118 |

## サ行

| | |
|---|---|
| 再結合 | 40 |
| サイドミラー | 84 |
| 作用スペクトル | 136 |
| 酸化還元反応 | 30, 46 |
| 酸化チタン | 50 |
| 酸化反応 | 30 |
| 散乱 | 28 |
| 紫外線 | 34 |
| 仕事関数 | 118 |
| 失活 | 30 |
| 出発物の定量 | 132 |
| 寿命 | 40 |
| 触媒反応 | 32 |
| 助触媒 | 120 |
| 人工光合成 | 15, 20 |
| 真の量子効率 | 40 |
| 水素イオン | 12 |
| 水滴接触角測定 | 140 |
| 正孔 | 12, 30, 36 |
| 生成物の定性 | 133 |
| 生成物の定量 | 132 |
| 静電気力 | 32 |
| 接触角 | 140 |
| セルフクリーニング | 19, 59 |

| | |
|---|---|
| セルフクリーニング効果 | 61, 79 |
| 全有機炭素量 | 133 |
| 走査型電子顕微鏡 | 112 |
| ソーラー燃料 | 18 |
| 速度論 | 127 |

## タ行

| | |
|---|---|
| ターンオーバー数 | 129 |
| 太陽エネルギー変換効率 | 63 |
| タオル | 92 |
| 脱励起 | 30 |
| 多電子移動反応 | 136 |
| 担持 | 120 |
| チタニア | 50 |
| チタンアパタイト | 92 |
| チョーキング現象 | 17 |
| 定常状態近似 | 128 |
| 電荷分離 | 42, 151, 154 |
| 電子 | 12 |
| 電子トラップ | 124 |
| 電磁波 | 24 |
| 電子励起 | 28 |
| 伝導帯 | 36 |
| 伝導帯下端 | 44 |
| 透過 | 28 |
| 透過型電子顕微鏡 | 114 |
| 透過率 | 109 |
| 同定 | 123 |
| 動的光散乱法 | 107 |
| 道路 | 79 |
| ドープ | 150 |
| 土壌汚染 | 88 |
| 土壌の浄化 | 88 |
| トンネル照明灯 | 81 |

用語索引

173

## ナ行

| | |
|---|---|
| 内部量子効率 | 40 |
| 波の4要素 | 24 |
| 二酸化チタン | 50 |
| 2次粒子 | 107 |
| ぬれ性 | 140 |

## ハ行

| | |
|---|---|
| 廃液処理 | 94 |
| 白色蛍光灯 | 90 |
| バクテリア | 55 |
| 八面体形状アナタース型酸化チタン | 153 |
| 波長 | 24 |
| 発光 | 30 |
| 撥水 | 83 |
| バルク | 102 |
| パルス吸着法 | 122 |
| ハロー法 | 142 |
| 反射 | 28 |
| バンドギャップ | 28, 150 |
| バンド構造 | 36 |
| 反応機構 | 127 |
| 反応基質 | 32 |
| 反応次数 | 127 |
| 反応速度 | 127 |
| 反応速度定数 | 127 |
| 光エネルギー | 26 |
| 光音響分光法 | 111 |
| 光吸収 | 29 |
| 光吸収効率 | 40 |
| 光強度依存性 | 49 |
| 光強度依存性解析 | 137 |
| 光触媒 | 12 |
| 光触媒活性 | 130, 156 |
| 光触媒工業会 | 147 |
| 光触媒反応 | 17, 32 |

| | |
|---|---|
| 光電気化学反応 | 18 |
| 光電極反応 | 18 |
| 光誘起界面電子移動 | 151 |
| 光誘起超親水化 | 59 |
| 光誘起超親水化現象 | 19 |
| 光励起 | 29 |
| 比表面積 | 105 |
| 標準 | 44 |
| 標準試料 | 130 |
| 標準電極電位 | 44 |
| フィルム密着法 | 142 |
| フォトン | 24 |
| 不均一系光触媒反応 | 34 |
| 不純物準位 | 150 |
| 物理吸着 | 32 |
| ブラッグの式 | 103 |
| ブランクテスト | 129 |
| 分光法 | 139 |
| 粉末XRD法 | 103 |
| 防音壁 | 79 |
| 保持時間 | 133 |
| ボディーコート | 83 |
| 本多―藤嶋効果 | 18 |

## マ行

| | |
|---|---|
| マスク | 92 |
| マススペクトル | 133 |
| 見かけの量子効率 | 39 |
| 水の浄化 | 88 |
| 水分解 | 18 |
| 無機化 | 54 |
| 無輻射失活 | 30 |
| 明反応 | 12 |

## ヤ行

| | |
|---|---|
| 有機合成 | 68 |

有効粒子径 …………………………………… 160
夢の燃料 ……………………………………… 19

ラジカル連鎖反応……………………… 46, 47
ラベリング …………………………………… 133
ラマン散乱 …………………………………… 116
ラマン分光法 ………………………………… 116
ランバート・ベールの法則 ………………… 109
リートベルト法 ……………………………… 104
粒径 …………………………………………… 105
粒径分布 ……………………………………… 107
粒子間電荷移動励起 ………………………… 158
量子化 ………………………………………… 28
量子効率 ………………………………… 39, 40
量子収率 ……………………………………… 39
量子収量 ……………………………………… 39
励起 …………………………………………… 28
励起状態 ……………………………………… 28
励起電子 ………………………………… 30, 36
冷蔵庫 ………………………………………… 90
レイリー散乱 ………………………………… 116
レーザ回折・散乱法 ………………………… 107
連鎖反応 ……………………………………… 47

175

## ■著者紹介

**高島　舞**（たかしま　まい）博士（工学）

　　1985 年　福井県生まれ
　　2008 年　名古屋大学工学部卒業
　　2013 年　東京工業大学大学院理工学研究科博士後期課程修了
　　2013 年より日本電信電話株式会社環境エネルギー研究所で光触媒を用いた創エネ研究に従事
　　2015 年より北海道大学触媒科学研究所助教、現在に至る。

**大谷　文章**（おおたに　ぶんしょう）博士（工学）

　　1956 年　大阪府生まれ
　　1979 年　京都大学工学部卒業
　　1985 年　京都大学大学院工学研究科博士課程修了、同大学助手
　　1996 年より北海道大学大学院理学研究科助教授
　　1998 年より北海道大学触媒科学研究センター（2015 年、触媒科学研究所に改組）教授、現在に至る。

● 装丁　　　　　中村友和（ROVARIS）
● 編集＆DTP　　株式会社エディトリアルハウス

しくみ図解シリーズ
# 光触媒が一番わかる

**2019 年 7 月 9 日　初版　第 1 刷発行**

著　者　　高島　舞、大谷文章
発行者　　片岡　巖
発行所　　株式会社技術評論社
　　　　　東京都新宿区市谷左内町 21-13
　　　　　電話　03-3513-6150　販売促進部
　　　　　　　　03-3267-2270　書籍編集部
印刷／製本　加藤文明社

定価はカバーに表示してあります。

本書の一部または全部を著作権法の定める範囲を超え、無断で複写、複製、転載、テープ化、ファイル化することを禁じます。

©2019　高島　舞、大谷文章

造本には細心の注意を払っておりますが、万一、乱丁（ページの乱れ）や落丁（ページの抜け）がございましたら、小社販売促進部までお送りください。送料小社負担にてお取り替えいたします。

ISBN978-4-297-10617-1　C3043

Printed in Japan

本書の内容に関するご質問は、下記の宛先まで書面にてお送りください。お電話によるご質問および本書に記載されている内容以外のご質問には、一切お答えできません。あらかじめご了承ください。
〒 162-0846
新宿区市谷左内町 21-13
株式会社技術評論社　書籍編集部
「しくみ図解」係
FAX：03-3267-2271